看著你長大

寶寶的280天

獻給新手爸媽的寶寶成長週記

婦產科名醫
潘俊亨／著

Contents

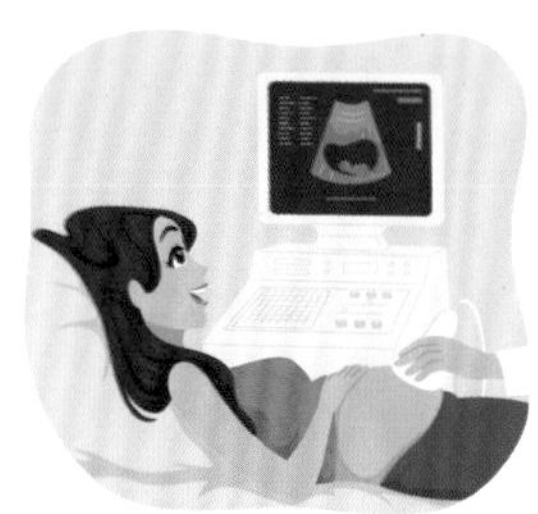

CH 2 懷孕6～8週：像一個小蝌蚪 *38*

潘醫師給孕媽咪的提醒

潘醫師讓妳問

CH 3 懷孕9～11週：HELLO，小小人你好！ *60*

潘醫師給孕媽咪的提醒

潘醫師讓妳問

Contents

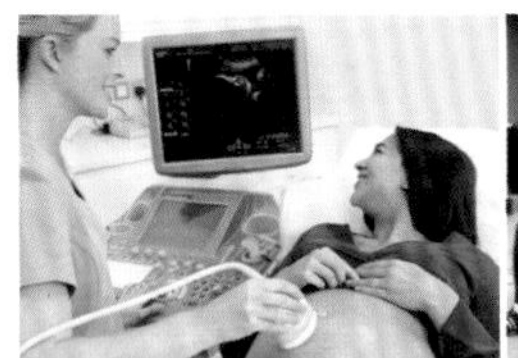

懷孕20～23週：可以觸摸到胎動了！ *118*

懷孕24～27週：皺巴巴的小肉球 *142*

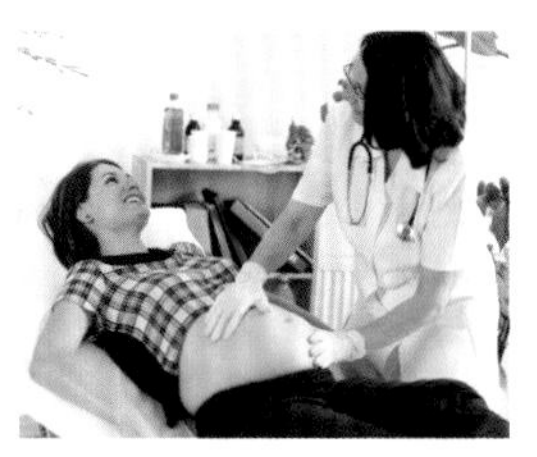

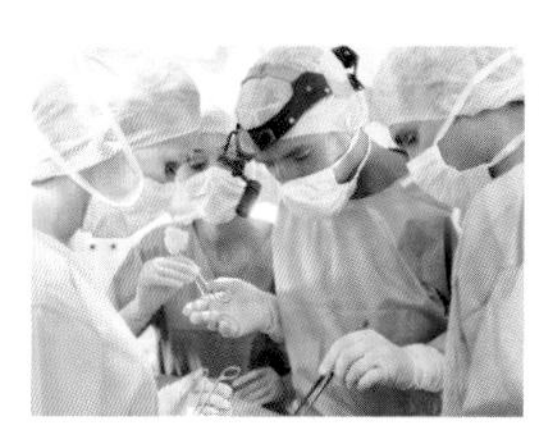

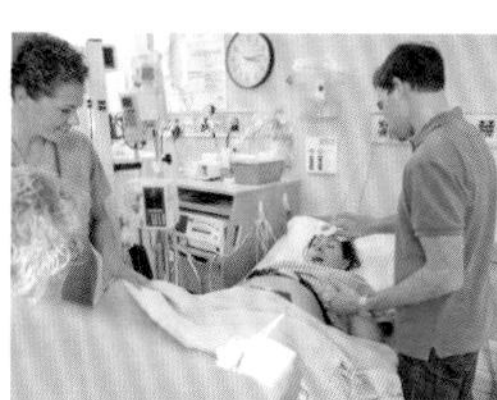

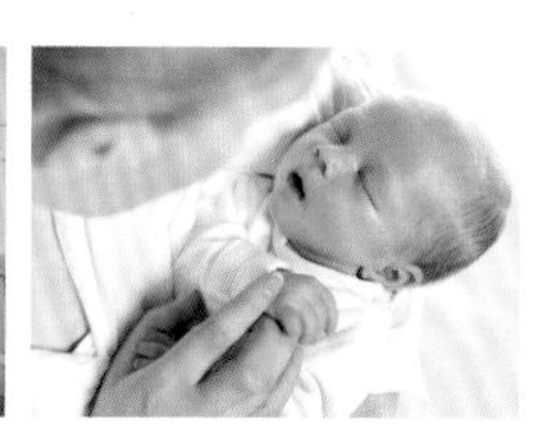

最溫柔的胎兒成長照護書

大多數婦女，一旦為人妻，接著必將喜歡亦為人母，準備迎接新生命的喜悅！

有喜時刻，每位孕媽咪的生理、心理，即開始從一般的「女性模式」調整到另一個令人難以想像，神聖、偉大的「母性模式」；既期待，又害怕受傷害！

母性期待的是，子宮內的寶寶，皆能「一瞑大一寸」，按照標準的胚胎成長流程、形狀、方式，健健康康的成長，出生。

母性害怕的是，子宮內的寶寶，是否因為不耐於任何來自母親的不良食、衣、住、行、先天條件、後天影響，而致缺損，未圓滿。

孕媽咪對孕寶寶的「期待」、「擔心」，幾乎是每位婦產科醫師，在產前檢查門診中必被問、必被考的問答題。而一個婦產科醫師是否合格、勝任、傑出、卓越，就在於對這些來自於孕母，五花八門、形形色色的新生命問答題之疑惑掌握度、答題精準度，及孕婦滿意度。

顯然地，具備直接面對，往往焦慮、又容易脆弱的孕產婦豐富經驗的「產公」級醫師，潘俊亨院長應該算是一位卓越的資優解題高手了。每個充滿疑惑，滿紙小抄的孕媽咪，踏入潘醫師的診間，經過問診、檢查、衛教後，幾乎都是帶著信任、安心、滿足的心情離開診間，繼續回家養胎、保胎。

潘院長把多年來行醫，解決孕婦疑難雜症，千奇百怪問題的超級能力，作了科學性的整理，貫穿時間軸（孕週排序），突破空間性（事件啟動），超越想像力（圖文並陳），轉換成《看著你長大——寶寶的280天》一書。

這本實體書，既可剔除母性對寶寶健康疑慮的過度擔心，更可滿足母性對寶寶健康的積極期待，是伴隨每一位孕媽咪，渡過漫漫280天孕期，最溫柔的胎兒成長照護書！

鄭博仁

亞太母胎醫學基金會董事長
長庚醫院基因醫學中心主任

帶領準爸媽們平安度過生命的重大歷程

懷孕280天，每一天對新手爸媽而言，都是驚喜與挑戰。診間裡，孕媽咪們最常問：「醫生，我可不可以……？」，但常礙於門診時間不夠，加上孕媽懷孕期間，肚子裝了個寶貝，腦袋裡便容不下太多東西，經常忘了自己要問什麼，於是轉向網路大神問問題，但網路上流傳的資訊沒有經過檢視，尤其是個人經驗常常背離醫學常規，或過度渲染，造成孕媽咪們的恐慌，因此一本傳達正確知識的書本，便顯得相當重要。

《看著你長大——寶寶的280天》摒除過去純文字排版，改採圖文方式，滿足現代人閱讀習慣，同時利用懷孕時間序方式，把常見的問題羅列，方便新手爸媽查詢。作者潘俊亨醫師——愛麗生婦產科診所院長，是我多年的好朋友，執業30多年來，接生超過兩萬個寶寶，是新北市有名的「產公」，也多次獲得「百大名醫」殊榮，這次潘醫師本著一貫的專業，以醫學的、專業的、科學的角度來解惑孕媽咪懷孕過程的擔憂，同時澄清一些來自親友、網路的錯誤謠傳訊息，讓孕媽咪瞭解懷孕期間身體、心理不同階段的變化，多了安心與幸福感，可以專注於期待小寶貝來臨的喜悅！

作為台灣婦產科醫學會秘書長的我，當然希望每個孕媽咪都能平安度過懷孕生產的280天，尤其是現今少子化的年代，大家對懷孕生產要求的品質更高，同時孕期的照護攸關寶寶未來的健康，透過本書，讓潘俊亨醫師帶領準爸媽們，平安順利的度過生命的重大歷程。

黃閔照

台灣婦產科醫學會秘書長
新竹馬偕醫院婦產部主任

孕產婦必備的隨身小百科

在偶然的機會下，拜讀前輩醫師潘院長的大作《經痛背後有惡魔》，心中正讚嘆一位如此資深而忙碌的婦產科名醫，尚有如此的熱忱利用空暇時間出版書籍，嘉惠許多廣受經痛困擾的婦女朋友；想不到緊接著另一本嘉惠孕產婦的大作《看著你長大——寶寶的280天》，已然大功告成，真是廣大孕產婦朋友的福音。

在婦產科門診看診時，常常有孕媽媽從網路或親戚朋友口中獲得一些似是而非的錯誤資訊，忙碌之間醫師一時的三言兩語也不能解釋清楚，無法完全滿足孕媽媽的求知慾。此時如果身邊能有一本淺顯易懂的書籍，提供正確而完整的資訊，讓婦女朋友可以隨時翻閱，如同孕產婦的隨身字典般就太好了。而這本《看著你長大——寶寶的280天》，提供孕媽媽從懷孕初期到寶寶呱呱落地的280天完整資訊，鉅細靡遺，正好扮演這樣的角色。

潘院長的文章深入淺出，字裡行間充滿詼諧幽默的風格，用「Q&A」的方式和孕媽媽作充分的互動和關懷，配合清晰的照片圖像，閱讀起來賞心悅目，非常適合孕媽媽先將整本書完整瀏覽一遍之後，再根據自身遭遇的疑問從書中尋找正確的答案。

當少子化和高齡化的妊娠已經變成一個不易改變的趨勢，周產期的照護朝著更精緻化的方向，建議孕媽媽主動吸收正確的妊娠相關知識，可以讓懷孕和生產的過程更加平安順利，誠摯的推薦這本好書《看著你長大——寶寶的280天》，也期待潘院長下一本精彩的作品付梓。

陳震宇

台灣周產期醫學會理事
台北馬偕紀念醫院高危險妊娠科主任

婦產科權威名醫這條路

潘醫師蟬聯多年《嬰兒與母親》雜誌調查「全國婦產科好醫師」，也是我認識許多年的老朋友。身為婦產科醫師的他，除了臨床經驗豐富，更認真提供衛教知識給大眾，之前出版《經痛背後有惡魔》、《好女孩也該享受狂野的性愛——婦產科名醫教妳關鍵密技》，這次又有新作品：《看著你長大——寶寶的280天》，真是令人敬佩。

《嬰兒與母親》雜誌發行已43年，其實，也可以說我們是看著潘醫師長大——從認真負責的新銳醫師，成為婦產科權威名醫。從醫30多年來，潘醫師已經接生了超過2萬個健康寶寶。這本獻給新手爸媽的寶寶成長週記，以超清晰2D、3D、4D超音波寶寶成長實境照片，加上孕期不同週數應注意事項的重點提示，讓新手爸媽能輕鬆學習孕產相關知識。

和潘醫師從事衛教推廣一樣，《嬰兒與母親》雜誌43年來孜孜不倦從事婦幼健康傳播工作，一直在生育、養育、教育三大方面，為社會盡心力，傳播最新及最正確的婦幼知識。而潘醫師這本書《看著你長大——寶寶的280天》比同類書籍向醫學專業更深入一步，也更貼近孕媽咪的需求，提出孕媽咪可能納悶於心，但門診時沒時間向醫師提出的問題，給予解惑，堪稱全方位懷孕百科。

恭喜妳懷孕了，但千萬不要從親友那裡，隨便聽信錯誤資訊，讓自己膽顫心驚。其實有許多禁忌是沒有根據，以訛傳訛，孕期什麼事能做、什麼事不能做，什麼可吃、什麼不要吃，本書會一一替妳解惑，讓妳有個輕鬆自在的孕期。

新生命健康的到來，是每個家庭最深切的企盼。真心推薦這本書給大家，也盼望《嬰兒與母親》雜誌和潘醫師一起持續加油努力，促進及維護孕媽咪和胎兒健康、順利成長。

張錦輝

《嬰兒與母親》雜誌發行人
婦幼多媒體事業集團總裁

作為一名婦產科醫生，從工作中，最讓我感到驕傲與有成就感的一件事，就是親手將新生寶寶從媽媽的產道中接引出來，且不得不自豪一下，從醫30多年來，我已經接生了超過3萬個健康寶寶，還有許多的新手媽媽，在她們自己的生命之初，也是我親手接引。

生命如此可貴，每一個生命從源頭就應該被珍視及呵護，但我每看診一個新手媽媽，她們的欣喜與焦慮卻是各半存在。欣喜的當然是與心愛的人孕育成一個愛的結晶，但能不能讓這份愛的禮物結結實實地成長，也是她們接下來近十個月放不下的牽絆。

其實，人體生理的構造是很奇妙的，所有的生理機制都是有理可循。母體從受孕、到育化、到生產，都是天生的機能，不需要太多焦慮；當然，也有例外的情形，由於食品工業、環境汙染、生活壓力等因素使然，確實會讓懷孕的過程出現一些正常狀況外的變化，所以產檢是很有必要的，它的作用正是幫助每個孕媽咪生下一個健康、正常的寶寶。

拜醫學科學進步之賜，現在的新手父母不只不需要在新生兒出生後才能和他們見到面，或是知道他們的性別，而是從懷孕的第一個月開始，就能透過超音波看見寶寶的樣子，看他們從一隻小蝌蚪的樣子，漸漸長出小手、五官，接著，看著他們的心臟跳動、舒展手腳，生命的成長真可說是一段不可思議的旅程。

這一本書就是要獻給新手爸媽，讓他們透過超音波照片，觀看寶寶每一階段的成長變化，來理解生命孕育的過程，「眼見為憑」

在這裡的意義是，當你能看著寶寶一天一天地健康成長，就是給新手父母最好的心靈力量。

人類孕育生命雖然是生物本能，但現代人面臨著太多生活週遭所加諸的挑戰，所以孕媽咪在懷孕階段還是有很多事情必須要注意及留心，包括飲食、疾病預防、高齡育產、胎教等，書中都有專文提出來討論。

本書又避免很多市售孕產書籍總是連篇累牘，讓很多新手父母望之卻步，即使耐心看完，反而更是一頭霧水。書中僅以懷孕期每個月注意事項的重點提示，再配以超清晰2D、3D、4D超音波寶寶成長實境照片，讓新手父母能更輕鬆學習孕產相關知識。

相較20年前，現代孕媽咪的知識水平普遍高出許多，求知欲望也遠比以前的孕婦強烈，她們會自動從網路尋求知識，從閱讀雜誌解除疑惑，且由於科技進步神速，藉由科學技術及知識提升，觀看超音波的顯像已經成為醫師和孕媽咪及家屬在每次產檢的主要內容，也是互相溝通不可或缺的工具。

由於時下資訊取得容易，孕媽咪們已經不能夠僅僅滿足於粗淺的常識，求知欲使她們希望深入了解更接近專業醫療的內容，包括胎兒成長的數據、各項醫學檢查的內涵、發生異常的原因及結果，比如羊水如何產生？為什麼會過多或過少？羊水過多或過少後果如何？孕婦可不可以喝咖啡？每天最多能喝多少？及各種用藥問題等，她們甚至會質問各項檢查的必要性，因此，本書特別提出大家可能都納悶於心，但門診時沒時間向醫師提問，又在坊間報章雜誌上不易找到答案的問題且給予解惑。

簡言之，本書比過去同類書籍向醫學專業更深入一步，也更貼近孕媽咪的需要。本書的特色是在孕期的每個階段，提供妳超音波的圖像及解說，讓妳明白每次做超音波檢查時觀察重點有哪些？有利於妳和醫師之間的迅速溝通。

另外，孕期時妳會從親友那裡、從網路得知很多資訊，告訴妳不可以做這個、做那個，不要吃這個、吃那個，讓妳膽戰心驚，甚且影響到妳的日常生活內容。其實有許多禁忌是完全不必要，因為那是沒有根據，以訛傳訛的說法，本書會一一替妳解惑，讓妳有個輕鬆自在，無太多心理負擔的孕期！

生命是美好的，我要鼓勵年輕夫妻，在你們生理狀況最好的階段，讓你們的基因向下一代延續，這是天職，也是人生最好的體驗。

懷孕1～5週

幾乎感覺不到你的存在

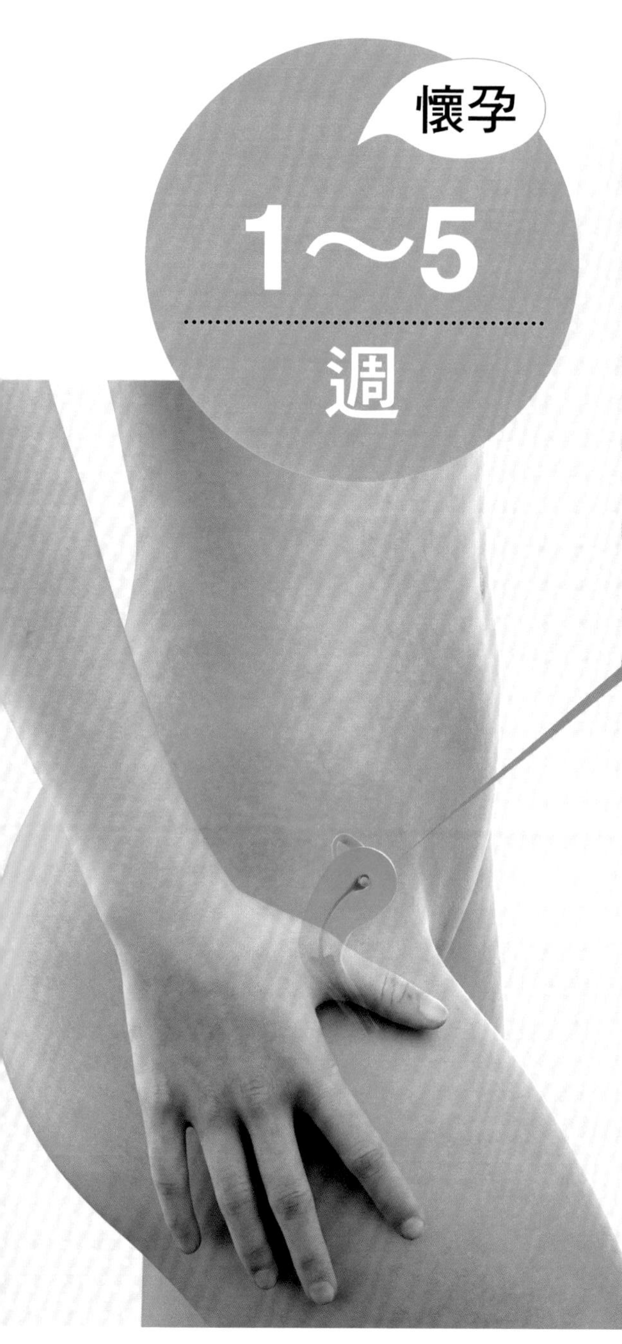

子宮大小 跟一顆鴨蛋差不多。

月經狀況 停止。

基礎體溫 呈高溫相。

乳房狀況 發脹。

身體狀況 容易疲倦、頻尿，口中有金屬感，引起噁心、反胃。

胎兒的樣子 身高約4公厘，體重約5毫克。著床是在受精後1週（懷孕3週）時完成，此時的胎兒稱為胎芽。

懷孕第28天左右，胎兒心臟生成區的兩條血管相連了，形成一條S型的原始血管，再與胚胎、接合莖、絨毛膜和卵黃囊內的血管相連，構成原始的心血管系統，讓這個小小的心臟能開始收縮，把血液從上方的血管送出，再從下方的血管回流，也因為心肌收縮，胎兒的心臟開始顯現規律地蹦跳起伏；這時胎兒的體節也已經發育得很清楚了，像一條拉鍊將兩側分開，神經脊細胞將發育為頭顱和臉。

到了第5週，腦的原形已漸形成，此時期是胚胎進入成長和發育的巔峰期，雖然胚胎的面貌還看不太出來，但已出現一些突起，每一個突起有一條主要的動脈和一條腦神經，這些突起中的柱狀細胞日後將成長為骨頭；頭部的突起稱為鰓弓，之後將一一發展成負責聽覺、語言、呼吸、進食和表情的器官；靠近頭顱區域的神經管前端，會形成厚厚的晶狀體板，眼睛就是在這裡生成。

透過超音波照片來看看寶寶現在的樣子

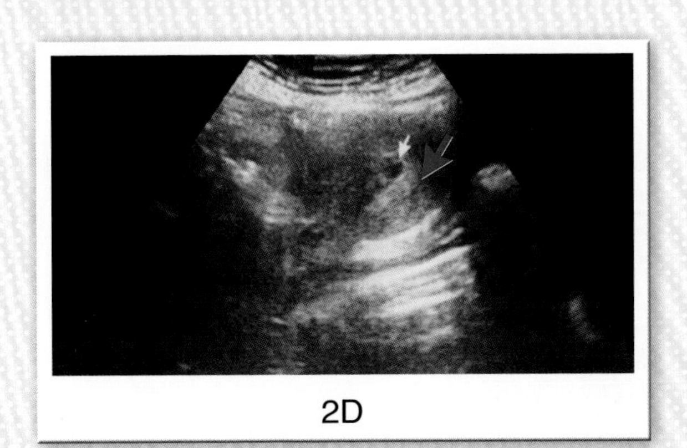

2D

孕媽咪看過來

每一個生命都是珍貴的，都值得被好好保護，在寶寶誕生前要避免流產，孕媽咪一定要做到以下幾件事：

1.不可騎腳踏車。

2.不可提重物。

3.預防便秘。

4.不可穿高跟鞋。

5.性生活要注意。

6.長途旅行要注意。

7.避免彎腰。

8.避免做太激烈的運動。

9.不要跑跳，避免跌倒。

潘醫師給孕媽咪的提醒 Part 1

產檢要開始了！

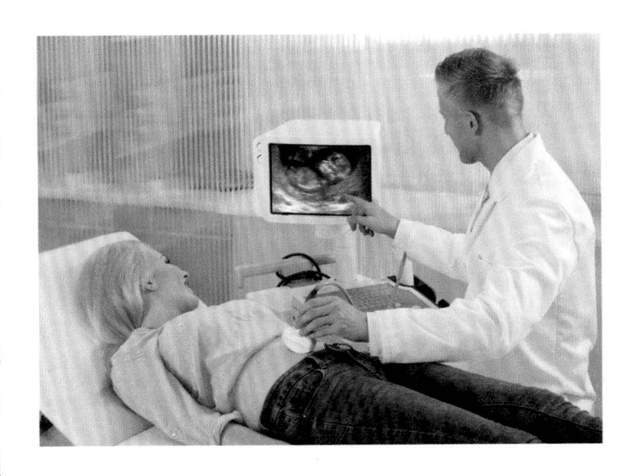

第一次產檢時需花費較多的時間，因為醫師會詳細詢問妳的病史，包括一般疾病及婦科或產科的相關病史，另外像是月經的週期、曾經吃過哪些藥、對哪些藥物過敏、是否曾經墮胎或流產、是否開過刀等，這些重要的資訊，妳都要一一誠實地告訴醫師。

且第一次產檢時可能會做很多的醫學檢查，血液常規檢驗的檢測內容包括白血球數、紅血球數、血小板、血球容積比、血色素、平均紅血球體積、血型、Rh因子、第一次梅毒血清反應檢查（VDRL）、愛滋病檢查等，如果妳對這些檢查有疑問，可以請教醫師；如果妳認為自己可能是高危險妊娠，也要提出來與醫師討論。

大多數產婦在懷孕的前7個月，也就是孕程的前中期，**前期每2週產檢一次、中期每4週產檢一次，而孕程的後期，即第8及第9個月，每2週做一次產檢，最後1個月需要每週做檢查**，如果發現有任何問題，產檢的次數就要增加。

潘醫師讓妳問

Q 什麼是染色體？什麼是基因？兩者的分別為何？

A 染色體好比花藥（花中雄蕊的一部分），基因好比花粉，每個花藥上沾滿花粉，而基因存在染色體上。在人類所有的染色體上，約有3萬個基因，分別存在23對染色體上，在每個染色體上基因種類及數量並不相同，有時單一基因便能控制一種性狀的表現，然而大部分的生理性狀都是由一系列相關的基因一同調控而表現出來的。比如膚色是由基因決定，智商、高矮、個性，甚至如糖尿病、高血壓及某些種類的癌症，也都是由基因決定。

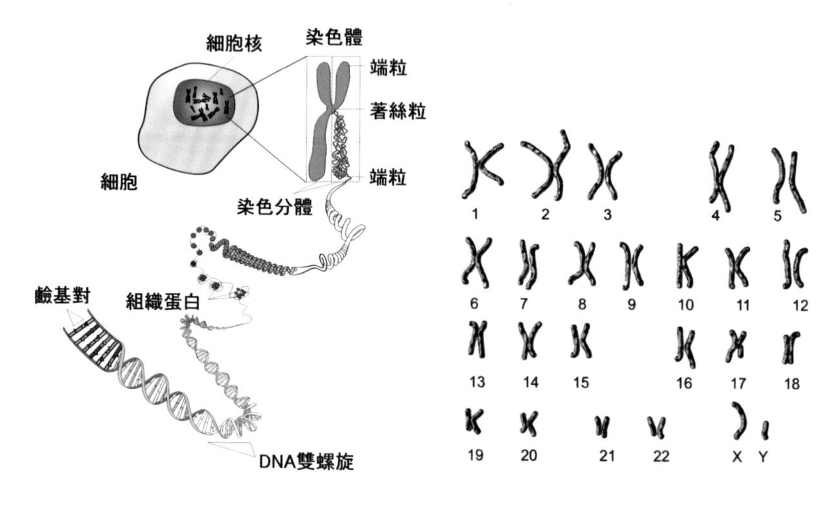

染色體

潘醫師讓妳問

Q 先生在我受孕前後天天喝酒，這會不會導致胎兒畸形？

A 男人喝少量酒無損受孕功能，若是酗酒則會使精蟲活動力變差，但不會改變精蟲的基因，所以不致造成受孕的胎兒出現畸形。另外，男性使用藥物、抽煙，甚至拉K（當然不好）、照X光，都不致於會改變基因，造成胎兒畸形，因為胎兒不是在男性體內發育，這樣知道了嗎！

Q 受孕前幾天做健康檢查時曾照X光，這會不會影響受精卵的發育？

A 不會的，只有在受孕之後，母體照射X光或類似具放射性的檢查，才有可能對母體內的胎兒造成影響。在受孕之前使用藥物及照射X光，基本上不會影響胎兒的基因，只有在受孕之後，胚胎開始分化的過程不當用藥，才會影響胎兒發育。

潘醫師讓妳問

Q 我體檢時照了X光，後來發現已經懷孕7週，可以保留胎兒嗎？

A 孕婦可以照X光嗎？這是很多孕媽咪心裡的疑問，目前醫學界認知X光對胎兒造成影響的劑量要大於5雷得，而一般診斷型的X光劑量通常遠低於5雷得，胸部X光的放射劑量低於0.05雷得，腹部X光胎兒接受到的劑量也只有0.4雷得，計算起來，要照射100張X光才會超過安全放射量，至於牙科照口腔的X光放射劑量更小，所以孕媽咪們不必太擔心。

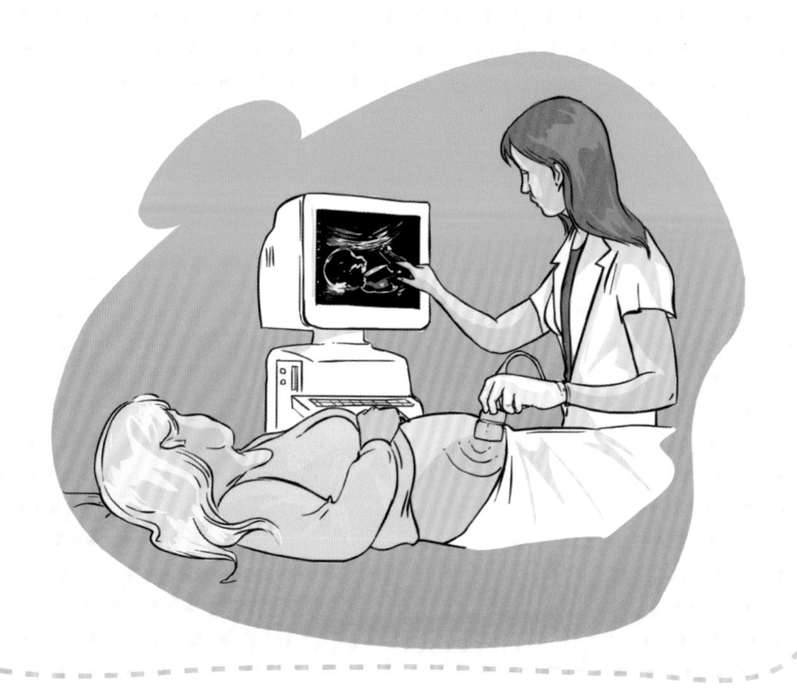

潘醫師給孕媽咪的提醒 Part 2

從現在開始，一人吃、兩人補

懷孕期間的營養非常重要，未懷孕時，每人每天應攝取的熱量約為1500卡，懷孕前期（前13週）每天應攝取熱量要增加為2200卡，懷孕中期以後至生產階段，每天應攝取熱量要再增加至2500卡，因為這些額外的熱量能提供胎兒生長所需，也能讓孕婦維持身體機能的運作，應付體內的各種變化。

懷孕後除了應該增加熱量的攝取，更應該注重熱量的來源，記住，食物比食品好，新鮮的水果比果汁好。總之，飲食只要均衡、多樣化，應該就能滿足孕婦大部分的營養需求了。

●如何養胎不養肉？

在孕期要正確提供胎兒充足的營養，但又不使孕媽咪體重增加太多，均衡飲食是最高指導原則，另外還需要注意吃對食物，正確

飲食方法說明如下：

1.攝取適量蛋白質：養胎的重點是補充適量蛋白質，人體免疫系統中重要的組成元素，像是胺基酸，就是蛋白質分解後的小分子，攝取優質蛋白質可使胎兒體重成長。

攝取蛋白質雖然很重要，但吃太多肉也不宜。蛋白質一旦攝取過量會對腎臟造成負擔，也可能造成鈣質流失或腎結石機率增高，尤其是動物性蛋白質經常伴隨著高膽固醇和飽和脂肪，過量攝取可能會增加心血管疾病的發生率；植物性蛋白質，如黃豆，對孕婦來說就是很好的蛋白質來源。

2.多吃蔬果、多喝水：每天大約要吃3～5碟蔬菜、2～4份水果，且最好要經常更換不同種類、不同顏色的蔬果；還要多喝水，且不要等口渴了才喝，可將1500cc的每日必需飲水量分散在不同時間段飲用。

3.適量攝取全穀根莖類食物：澱粉是維持人體活動力很重要的熱量來源，但不要一餓了就吃麵包或餅乾，進食過多澱粉熱量會在體內累積變成脂肪，每天吃1.5～4碗全穀根莖類食物就夠了，這類食物包括：糙米、胚芽米、全麥、雜糧、蕃薯、馬鈴薯、芋頭、南瓜、山藥、蓮藕等。

4.盡量避免甜食或甜飲：攝取過多糖分不僅容易引起妊娠糖尿病，也容易使孕婦變胖，習慣了甜食，要再戒掉重口味回復清淡飲食就難了。

潘醫師讓妳問

Q 懷孕時愛吃巧克力，寶寶的皮膚會比較黑嗎？

A 不會！曾有不少孕媽咪在網路上貼文，説懷孕時常食用豆漿、牛奶、珍珠粉等，以後生下來的寶寶皮膚會比較白皙，勸人不要吃巧克力、醬油，説將來寶寶的皮膚會比較黑，多吃芒果皮膚會比較黃，其實這些説法都不正確。

膚色和身高分別是由多個基因交配組合成的性狀，來自父母雙方的多對基因隨機排列組合來控制的組合結果，主控較深色皮膚性狀的基因比較多，膚色就比較深；反之，若比較少，就比較白。所以，寶寶的膚色和進食哪些食物沒有關係！

潘醫師給孕媽咪的提醒 Part 3

懷孕了，這些生活禁忌要知道！

有些孕媽咪懷孕後聽人說這不能吃、那不能碰，但相關的說法怎麼每個人說的都不太一樣？到底要如何是好？關於這些生活禁忌傳聞，我歸納成以下幾類，孕媽咪只要遵循規則，其實不必提心吊膽，免得傷害孕期的好心情。

1.菸品：孕婦吸菸體內會殘留高濃度的尼古丁（nicotine），會增加胎兒自然流產、早產、先天畸形的機率，最常見的是新生兒體重過低，**使用菸品每天若超過11支即為超標。**

2.酒類：長期大量飲酒，每次飲酒5～6杯、每個月平均飲酒45杯，或每天飲酒者，將導致胎兒重大的風險，包括小腦症、水腦症、無腦症等，經常性飲酒或偶爾重度飲酒，也會有造成胎兒成長遲緩的風險。至於許多孕媽咪疑問能否食用以米酒烹煮的麻油雞？馬偕醫院小兒科許瓊心教授認為可以，但建議加入米酒後把湯煮沸，儘可能揮發掉酒精成份再食用；長庚大學婦產科教授鄭博仁則表示應該滴酒不沾。總之，少量飲酒並不會妨礙懷孕，但若過度則對母胎都不利。

3.咖啡：已經成為國民飲品的咖啡，孕婦可不可以喝？咖啡含有咖啡因，攝取過多可能造成胎兒低體重、躁動不安、低智能，但如果已經養成每日喝少量咖啡的習慣，則不要太過擔心！根據美國婦產科醫學會的報告，孕婦對咖啡因的容許量為每日200毫克，加拿大則容許每日300毫克，這相當於星巴克黑咖啡兩個馬克杯的量，這樣應該夠妳上班時享受一下喝咖啡的樂趣了吧！所以孕媽咪其實可以不用完全戒掉咖啡，繼續保有一份生活中的小確幸，讓孕婦有好心情也是很有必要的！

4.A酸：治療青春痘的良藥——維他命A酸，是孕期的禁忌用藥！愛美是女人的天性，且無時無刻不注意自己的容貌，偏偏自懷孕初期，女性體內的黃體素會增加，導致臉部長出粉刺及痤瘡（即青春痘），維他命A酸是皮膚科治療青春痘的首選藥物，但它屬於D級（證據顯示具有危險性）的絕對禁用藥物，可能造成胎兒顎裂、顏面缺損、神經系統缺損，所以孕媽咪若有青春痘的困擾，務必請醫師替妳改用其他的治療方法。

懷孕期間為什麼青春痘冒不停？

有些孕媽咪懷孕後臉上青春痘冒不停，又不敢隨便擦藥，真的很困擾！其實孕媽咪長青春痘的原因與體內分泌脫氫表雄酮（DHEA）增加有關。脫氫表雄酮可轉化為兩種男性荷爾蒙，即睪固酮與雙氫睪固酮，脫氫表雄酮也能轉化成雌激素。沒有懷孕時脫氫表雄酮由腎上腺製造分泌，懷孕期間胎盤會大量製造脫氫表雄酮，因此孕婦血液中的脫氫表雄酮濃度比未懷孕時高出3～5倍，有些孕婦懷孕期間青春痘冒不停，或是腳毛有變粗的情形，都與脫氫表雄酮的增加有關。

5.香水：在浪漫之都的法國巴黎，香水是女人不可或缺的魅力來源，但香水的成份可能造成流產及胎兒畸形。香水通常含有磷苯二甲酸（PAEs），使香味能夠延展，這會使寶寶生長遲緩，所以專家建議孕婦要避免長期使用及吸聞香水，所幸國人長期使用香水的習慣目前並不普遍！

6.香氛產品：經實驗證實，塑化劑等化學物質會影響胎兒的腦部發育，且會造成不可逆的傷害，因此建議孕婦應避免使用含揮發性有機化合物的產品，如：

● 指甲油：含二甲苯、甲醛，容易經由呼吸進入人體，被肺臟吸收，長期從事美甲工作者要多注意，但如果只是因為美觀偶爾塗指甲油，氣味很快揮發掉則無妨。

● 髮膠：多數髮膠含有磷苯二甲酸，使產品散發濃濃的化學香氣，從事美容相關工作者要特別注意，若只是兩、三個月用一次髮膠，味道馬上消散則無妨。

● 芳香劑：市售芳香劑大多有合成香精，也可能含有二甲苯、甲苯等揮發性溶劑，容易經由呼吸道進入人體，產生致癌危機，所以懷孕期間不贊成孕媽咪在室內及身體上經常使用精油。

● 殺蟲劑：許多殺蟲劑為了降低刺鼻氣味，會添加人工合成除蟲菊精，有研究推測該物質與自閉症和過動症有關，在農場工作的孕媽咪應多加注意。

為了寶寶能夠健康的成長，孕媽咪在懷孕以後要儘量少用這些含有香味的產品。

潘醫師讓妳問

Q 懷孕期間可以擦指甲油、做指甲光療、彩繪嗎？

A 擦指甲油可以，因為指甲是往外長的，所以指甲油是離開皮膚越來越遠，它塗在指甲上不會被吸收進入人體，但我建議在第三孕期，也就是懷孕第28週以後，指甲最好保持天然的狀態，不要擦指甲油，更不要做光療、彩繪，因為隨時有可能住院，測血氧的設備必須夾著手指，藉由光線透過指甲測血氧濃度，如果做指甲光療、彩繪，可能會影響檢測數值的準確性。

Q 懷孕期可以染髮嗎？

A 這倒是個很普遍的問題！和指甲的情況一樣，頭髮不含血管，並且每日向外生長，所以染髮劑不會被吸收進入體內，即使不小心抹到頭皮，也可以清除掉，所以不必把染頭髮當成那麼嚴重的禁忌。孕媽咪把頭髮弄得美美的，精神好，心情也會更好！

潘醫師讓妳問

Q 懷孕週數是怎麼算出來的？

A 很多夫妻在一個月內行房多次，很難確定到底是哪一次行房時受孕，所以根據婦產科醫學的規定，計算預產期是從最後一次月經的第1天起算，其他如計算胎兒的週數、體重身長的統計，及評估胎兒的發育情形，也是依此日期為準。

如果孕婦在懷孕的第38週生產，雖與「足月」的40週有14天的落差，但醫學上兩週的彈性期是可以被接受的，仍算是足月生產。

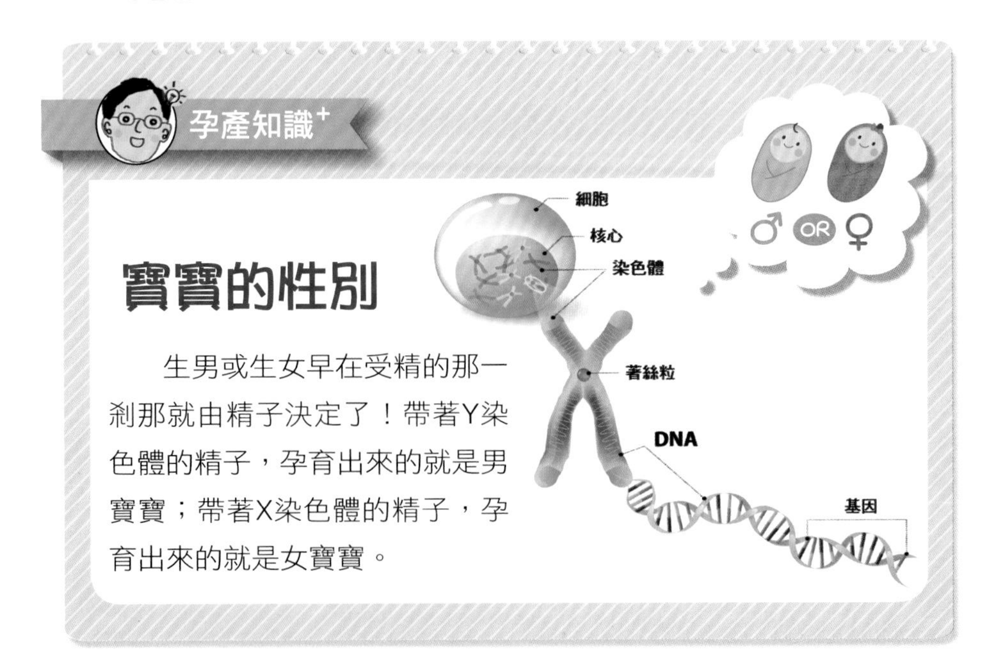

寶寶的性別

生男或生女早在受精的那一剎那就由精子決定了！帶著Y染色體的精子，孕育出來的就是男寶寶；帶著X染色體的精子，孕育出來的就是女寶寶。

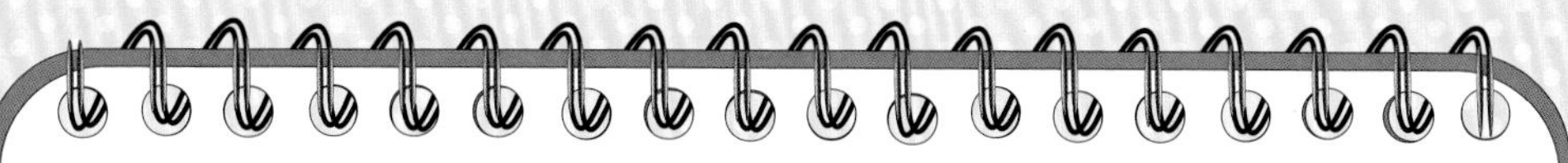

孕媽咪筆記

懷孕1-5週

Part 1. 待辦事項

Part 2. 要問醫生的問題

Part 3. 我的心情

CH 2

懷孕6～8週

像一個小蝌蚪

懷孕 6～8 週

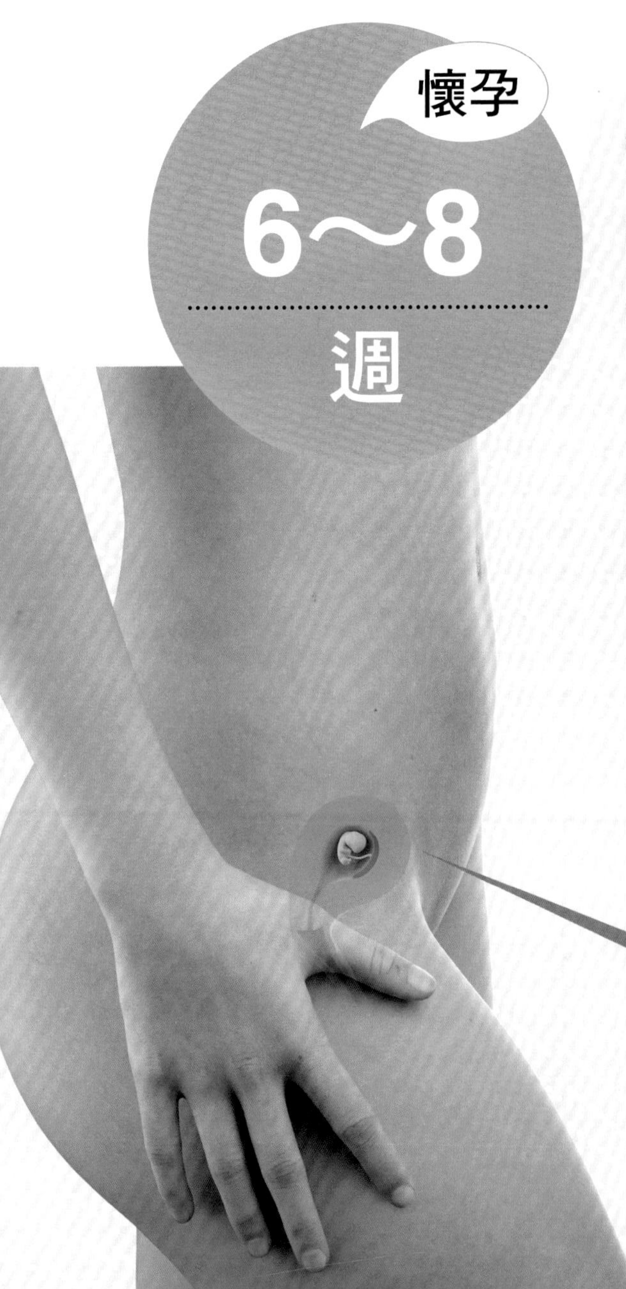

子宮大小 比鴨蛋大一些。

月經狀況 停止。

基礎體溫 呈高溫相，此高溫相會持續到第14週時體溫才會下降。

乳房狀況 發脹。

身體狀況 開始害喜、頻尿、下腹發脹。一開始注意到懷孕，通常都是在月經遲遲沒來才有警覺，遲來1次月經，表示已懷孕4週，遲來兩次的話，表示已懷孕3個月，這時應該已經有害喜的表現了。

胎兒的樣子 身高約2公分，體重約4公克，心臟、胃、腸等內臟器官開始形成，眼睛、耳朵、嘴巴等也開始出現，腦部漸發育，頭部逐漸成形，雖然「尾巴」的樣子還在，但已經有小人兒的模樣了。

此時，不管寶寶性別為何，乳腺皆開始發育，具有Y染色的胚胎，睪丸開始形成；也由於胚胎軟骨和骨骼的增長，腳板的形狀已很明顯，也能看到膝蓋部位；腎臟開始產生作用，能產生尿液了。

透過超音波照片來看看寶寶現在的樣子

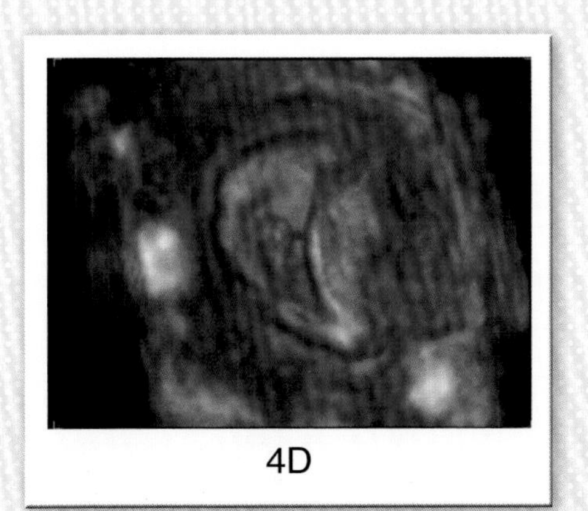
4D

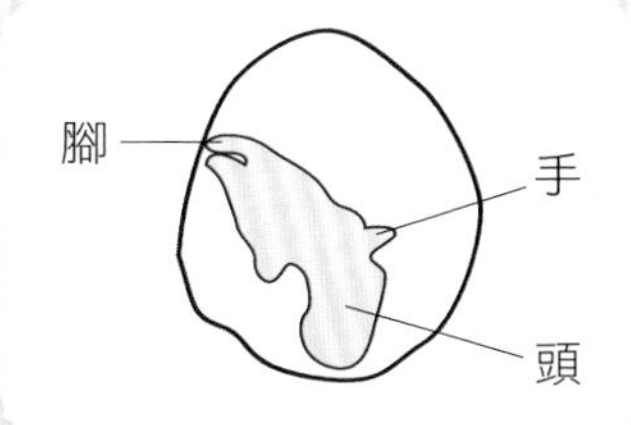

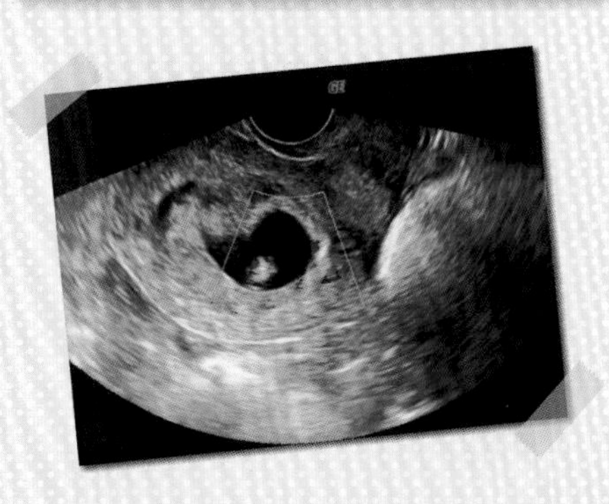

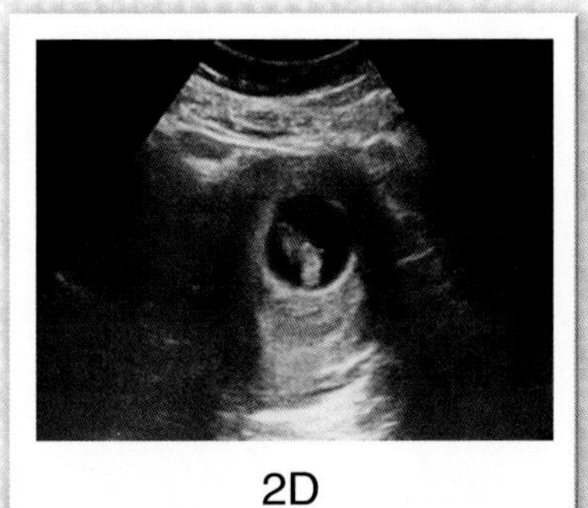
2D

孕媽咪看過來

1.月經遲來1～2週，或是基礎體溫高溫相持續3週以上，就應該檢查是否懷孕。

2.將最終月經的開始日期、天數、狀態，及有任何疾病史、遺傳病等資料備齊，在看診時告訴醫師。

3.初診時除了醫師問診，還要進行內診及尿液檢查；若要接受內診，宜穿著容易穿脫的衣服，最好穿裙裝，不要穿褲裝。

4.這時是胎兒器官形成的重要時期，舉凡胃不舒服、感冒、發燒、頭痛等，都不要自行服用藥物，一定要聽從醫師的指示。

關於害喜

有些女性懷孕後最早出現的症狀是噁心，有時還會伴隨著嘔吐，這種現象稱為「害喜」，大約有50%的女性懷孕時會同時出現噁心、嘔吐的情形，25%只有噁心的情形，另25%的女性懷孕時沒有出現任何害喜的現象。

如果妳會暈車、暈機、暈船，或有習慣性偏頭痛，就有可能會害喜，**害喜的情形通常是在懷孕的第12週之前出現**。害喜雖然會讓孕婦不舒服，但也有它好的一面，據統計，有害喜情況的女性，流產的機率相對較低，且害喜的情況愈嚴重，流產的機率愈低。

害喜的情況是短暫的，通常在懷孕第13週左右時消失，而害喜會影響孕程體重增加的情況，有可能胎兒正常長大，孕媽咪的體重卻出現降低的情形。許多有害喜情況的孕婦，在懷孕中期害喜情況消失後，體重才開始增加。

要對付害喜的不適，孕媽咪可選擇「少量多餐」，或是吃任何妳想吃的東西，以適時補充身體需要的營養及熱量；喝薑湯也可以幫助減輕嘔吐的情形。如果嘔吐的情況很嚴重，要補充含有電解質的水分，可避免抽筋或造成低血鉀、低血鈉等情況。

潘醫師給孕媽咪的提醒 Part 1

預防感冒，
記得施打流感疫苗

每年的10月起至隔年3月為流感盛行季節，12月至隔年2月更是流感的高峰期，孕婦因為免疫力較弱，成為流感病毒侵襲的高危險族群。孕婦接種流感疫苗，不僅讓孕媽咪本身有抵抗力，胎兒也能透過母體所產生的抗體，增加對流感的抵抗力，並且在寶寶出生後6個月內都還具有防護力，所以孕媽咪們一定要記得在流感季節來臨前施打疫苗哦！

一般而言，罹患感冒與罹患流感康復的時間差不多，但若在康復前出現併發症，通常需要1～2個月的時間才能痊癒，這就會造成孕期更大

的負擔與不適，也可能影響胎兒的健康，不可不慎。

很多孕媽咪會問：**「懷孕期間可以施打流感疫苗嗎？會不會影響胎兒及母體的健康？」答案是：不會！**女性懷孕期間因為荷爾蒙的變化及營養需求改變，加上心肺功能與免疫系統功能受到影響，使得抗流感病毒的能力下降，因此容易罹患流感與併發症，懷孕期間若染上流感，也會提高胎兒流產、早產、死胎的風險，因此，行政院衛服部疾管署已將孕婦列為公費流感疫苗的接種對象。

孕期接種疫苗所產生的抗體，可經由臍帶進入胎盤，有助寶寶在出生後6個月內獲得流感抵抗力，所以建議孕媽咪，在流感流行季節來臨前盡早接受疫苗接種，並在接種後留院觀察30分鐘，無不適再離開，以確保胎兒與自身的健康。

也常有孕媽咪問我：「打了流感疫苗多久會產生抵抗力？」一般而言，施打疫苗兩週後會開始產生具有保護力的抗體，所以建議要盡早施打，才能讓母嬰都及早獲得保護；此外，為避免家人遭流感病毒侵襲而傳染給孕婦或胎兒，建議家人一起施打，靠「包覆策略」抵抗流感病毒，以確保孕媽咪與寶寶都安全無虞。

哪些孕婦不適宜接種流感疫苗？

1. 對蛋類的蛋白質嚴重過敏者。
2. 過去注射疫苗有嚴重不良反應者。
3. 對疫苗成分有過敏反應者。
4. 正在發燒，或患有急性中、重度疾病者，應待病情穩定後再接種。

潘醫師讓妳問

Q 懷孕期間感冒了，咳嗽得很厲害又流鼻涕、鼻塞，可以吃藥嗎？

A 當然可以，但是要由醫師替妳把關，即使治療同一種症狀，也可以選擇對胎兒完全無害的藥物，比如得了A型流感，「克流感」就能安全服用。

現在醫界已經能做到「精準醫療」，用藥可以很精準對症。大多數常用藥都有為孕婦分級（如右頁表格），醫師一定會參酌藥物的分級，考量病情需要才會開立處方，所以應該信任醫師，放心服藥。

美國食品藥物管理局（FDA）對孕婦用藥風險做了五個分級，基於安全考量，孕婦最好只服用A級和B級藥物，C級藥物則在衡量母胎安全後，醫師認為不用藥的危險較大時方能服用，D級藥物必須更謹慎權衡利弊後才能使用，基本上不建議孕婦使用，而X級藥物應禁止使用。

一般而言，在懷孕初期（胎兒的「器官成形期」），醫師多會避免使用D、X級藥物，且選擇較安全級別的藥物；而在懷孕中、後期，感冒症狀常較為不適，如發燒導致心跳過快、頭痛等，或因鼻塞導致呼吸不順、輕微氣喘，或是劇烈咳嗽引起子宮收縮或下腹疼痛，甚

至無法入睡等，醫師會視情況給予一些解熱鎮痛劑、抗組織胺或止咳化痰藥，以減緩病人不適，讓孕媽咪可以獲得充分休息。

表：美國FDA對孕婦用藥風險分級

分級	特性	藥物
A級	已做過人體對照組實驗，這類藥物對胎兒的傷害可能性極微小，為安全藥物。	維他命
B級	經動物實驗顯示對胎兒無危險性，但未對孕婦做過對照組研究。另外，動物實驗顯示對胎兒有不良影響，但對孕婦所做的對照組研究中，無法證實對胎兒有害。	許多常用藥物即屬此類，例如乙醯胺酚（普拿疼成分）
C級	經動物實驗顯示對胎兒有不良影響，但沒有對孕婦做過對照組研究。屬於此一等級的藥物，只能以經驗判斷對胎兒的潛在利益大於潛在危險性的前提下使用。	某些抗精神症狀藥物，如 Lo-razepam、Haloperidol，使用時須謹慎諮詢
D級	證據顯示對胎兒有危險性，但評估此類藥物對孕婦有益，則可不論胎兒危險性。	如抗癲癇藥物Phenytoin、Carbamazepine
X級	動物或人體實驗均顯示會造成胎兒異常，對胎兒有危險性，孕婦應禁止使用。	如治療青春痘的A酸、沙利竇邁、降膽固醇藥物等

潘醫師讓妳問

Q 孕婦都要打流感疫苗嗎？

A 是的，懷孕的媽媽打疫苗可以產生IgA抗體，這些抗體不僅可保護自己與肚子裡的胎兒，且因為抗體會經由臍帶進入胎兒體內，也能間接保護出生後6個月內的寶寶；孕婦於任何懷孕期程都可以接種流感疫苗。

Q 打了流感疫苗是不是就不會罹患感冒？

A 感冒和流感是兩回事！感冒是一般所謂風寒或是輕微的感染，通常病情較快痊癒；流感可能會使病人產生嚴重的併發症，像是腦部併發症、心肌炎或肺炎等，所以，施打流感疫苗並不能防止罹患一般感冒。

潘醫師讓妳問

Q 我在孕前打了一劑HPV人類乳突病毒疫苗，剩下兩劑如何是好？

A 產後繼續打；若已經打兩劑，剩下一劑產後再打即可。

Q 我打了第一劑B型肝炎疫苗之後懷孕了，第二劑及第三劑施打的時間剛好在孕期當中，可以按期繼續施打嗎？

A 可以的，這類疫苗是非活性疫苗，對胎兒並沒有危險。

千萬別忘了打百日咳疫苗！

百日咳特別好發於未滿6個月的嬰兒，兩成患者會引發肺炎或腦病變的合併症，即使在先進國家也有1%的死亡率！而兩個月以下的胎兒正處於空窗期，體內不具免疫力。孕婦在接種疫苗兩週後會開始產生抗體，同時透過胎盤將抗體傳輸給胎兒，所以**建議孕婦要於產前28～36週施打百日咳疫苗**，每胎都需要施打一次，且建議準爸爸、準媽媽一起打。

潘醫師給孕媽咪的提醒 Part 2

高齡孕產風險多

根據內政部統計，近年台灣男性與女性結婚平均年齡與初婚年齡雙雙成長，女性平均初婚年齡也邁入30大關，使得高齡懷孕的問題受到越來越多人重視，高齡懷孕會有什麼風險？又該怎麼預防？

一般而言，女性最適合生產的年齡是介於22～25歲之間，不過隨著時代改變，現在女性懷第一胎的年齡多在30歲左右，其實嚴格來說，超過28歲生產就可定義為高齡懷孕，這也正說明為什麼現在越

來越多不孕及反覆性流產的病例，因為這些都跟高齡生產有關係。

女性高齡懷孕，孕期各階段都有其需要注意的風險。隨著年齡增長，身體機能自然衰退，女性的卵巢與子宮在懷孕過程中會面臨較多的情況，如早期流產、妊娠糖尿病、高血壓、子癲前症等，而不同孕期將面臨哪些風險？說明如下：

●懷孕初期

剛懷孕時是最不穩定的階段，對高齡孕婦來說更要謹慎，這時，受精卵萎縮、體內黃體素不足，甚至流產的風險都非常高，根據行政院衛生福利部國民健康署統計，35～39歲女性懷孕流產機率為24.6%，40～44歲增加為51%，45歲以上則高達74%！因此，建議從懷孕初期就要開始補充葉酸，根據美國相關研究顯示，孕婦在懷孕期間攝取足夠葉酸，可降低胎兒產生腦部與脊髓先天性神經缺陷50%～70%的發生機率。

要補充葉酸，飲食方面可多吃深綠色蔬菜，如菠菜、花椰菜、萵苣等，動物肝臟也含有葉酸，但因膽固醇較高，宜酌量食用。

●懷孕中、晚期

大約在懷孕16～18週左右，就可抽血檢查血液標記是否異常，以得知胎兒是否有罹患唐氏症的風險。另外，**針對高齡產婦一般也會建議做羊膜穿刺，抽取羊水來分析細胞**，觀察胎兒是否有染色體

異常，準確率可達99.9%。

若還有疑慮，懷孕20～24週時可再進行高層次超音波檢查。一般的超音波檢查是檢查胎兒大小、胎位、一般構造、胎盤位置、有沒有重大畸形等，但高層次超音波可對胎兒全身器官構造，包括腦部、臉部、胸腔、心臟、腹腔、生殖泌尿系統、脊椎、四肢等做全方位的詳細檢查。

●控制血糖、血壓，防妊娠併發症

除了胎兒的健康問題，高齡懷孕的女性也特別容易引發妊娠併發症，例如妊娠高血壓、子癲前症、妊娠糖尿病、甲狀腺亢進、甲狀腺低下等，所以孕媽咪必須定期檢查血糖、血壓等指標，以免妊娠併發症找上門！

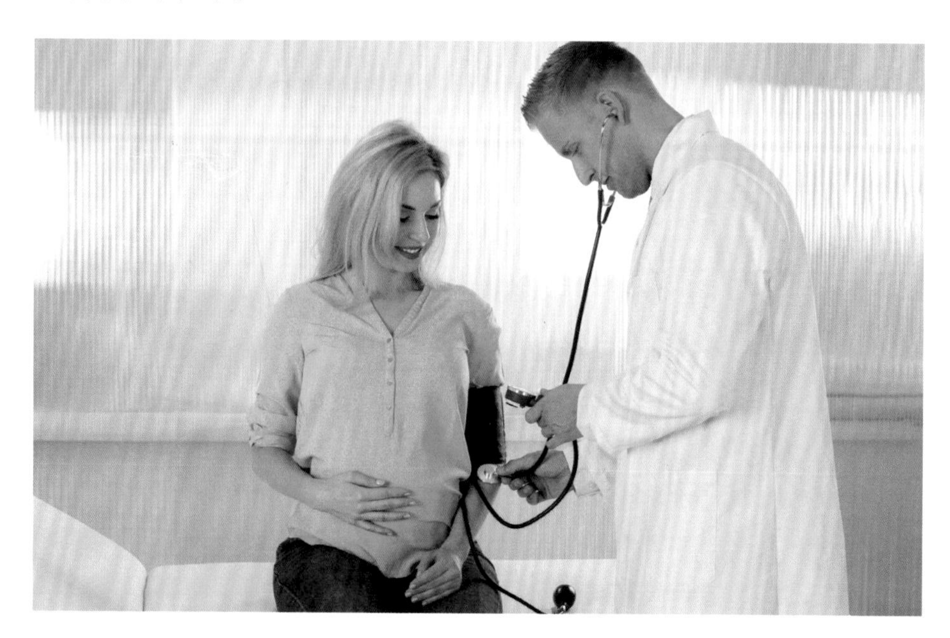

基本上，年齡還是佔生產風險高低與否的最主要因素，但也並非年紀大了就不能懷孕，只要日常生活上多加注意，還是可以平安生下健康的小寶寶。以下提供高齡懷孕女性的保健守則：

1.定期產檢。

2.攝取足夠的葉酸。

3.多補充鈣質、鐵質。

4.遠離含糖量過高的水果、精緻澱粉，可避免妊娠糖尿病上身。

5.控制體重，體重如果過度增加會增加生產的困難度。

6.維持良好的運動習慣，瑜珈、游泳都很適合；如果有重訓習慣，記得避開壓迫腹部的動作，且要有專業教練陪同。

7.補充DHA，魚油、深海魚類都含有豐富的DHA，能幫助胎兒腦部發育。

潘醫師讓妳問

Q 懷孕8週時有少量出血，要如何分辨是流產的先兆或是血尿？

A 這是個好問題，因為很多孕媽咪都會碰到。有這種情形必須做內診，醫師會請妳上內診台，如果子宮頸及陰道深處留有殘血，就是來自子宮，因為「凡走過必留下痕跡」；如果陰道沒有血跡，那麼必然是尿道發炎引起的血尿。

吃木瓜並不會造成滑胎

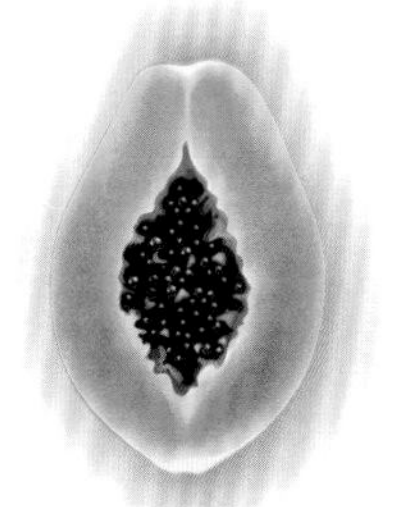

所謂「滑胎」，即是中醫所稱的流產，也就是早產的意思。以現代實證醫學的觀點來說，胎兒早期流產多由於缺乏黃體素，中後期是源於子宮提早收縮，水果木瓜的成份中沒有一樣與黃體素有關，也不會造成子宮收縮，所以吃木瓜並不會造成滑胎，況且吃木瓜可以緩解便秘，所以有便秘症狀的孕媽咪可以放心食用。

潘醫師給孕媽咪的提醒 Part 3

超音波不見妊娠囊，有可能是子宮外孕

通常，懷孕5週時照超音波必然能看見妊娠囊（也叫孕囊或胎囊，是胚胎最初的形態），6週半時在螢幕上可以測到快速心跳的圖像，聽到大於每分鐘超過100次的胎兒心跳音，這些跡象顯示上帝在此刻點亮了新生命的火焰！如果到懷孕7週時仍測不到胎兒的心跳，則必須懷疑是「萎縮卵」，或是胎兒根本不是著床在子宮裡，也就是子宮外孕，這種情況有90%是著床在輸卵管。

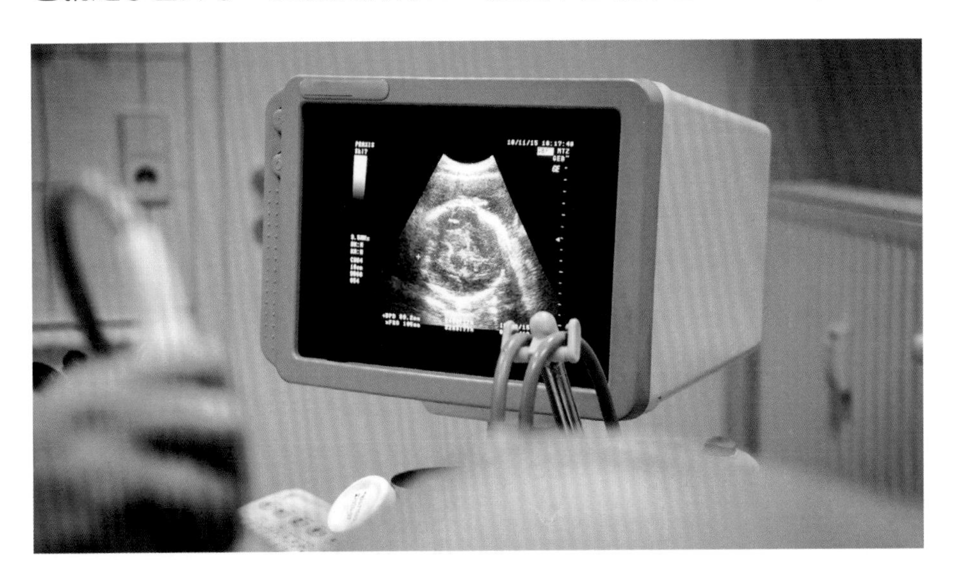

懷孕早期（6～8週）產檢時照超音波的重點在：

1.確認懷孕週數，推估正確預產期。

2.觀察胎兒發育狀況有否正常。

3.及早發現子宮外孕，排除危險。

月經的週期通常是以28天計，但有些人的月經週期是35天，若為35天，超音波會依據胚囊的大小把預產期延後7天；如果月經週期是21天，就把預產期提前7天。

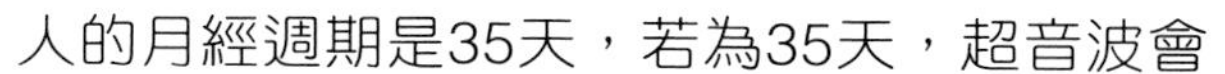

檢測有否懷孕的人類胎盤絨毛性腺激素（Beta-hCG），在受孕11天即可抽血測得，不論是子宮內正常懷孕或是子宮外孕，都可以測得；受孕14～18天可以從尿液測知，即使子宮外孕，該檢查也同樣是呈現陽性（+）反應。

85%的正常懷孕，每經過48小時Beta-hCG數值會上升一倍！如果Beta-hCG的數值高達2000 mIU/mL，從陰道超音波仍然看不見妊娠囊，就應該合理推斷是未破裂的子宮外孕。

表：懷孕週數與正常Beta-hCG參考值

懷孕週數	Beta-hCG值
4週	5～426 mIU/mL
5週	18～7340 mIU/mL
6週	1080～56500 mIU/mL
7～8週	7650～229000 mIU/mL

潘醫師讓妳問

Q 胎兒在何時開始有心跳？

A **大約在懷孕的第6週半，從超音波可以看到胎兒的心跳**，而且出現心搏的圖形，甚至可以測出心跳的聲音。如果孕婦的月經週期不規則，要由醫師來判定懷孕週數，即是用測到胎兒心跳的日期往前推算，並往後推測預產期。

如果妳的月經週期一向正常，在懷孕6週半時仍測不到胎兒心跳，可以再往後寬限10天，**如果到了第8週仍測不到胎兒心跳，就稱之為「萎縮卵」，即俗稱的「空胞蛋」，表示懷孕失敗。**

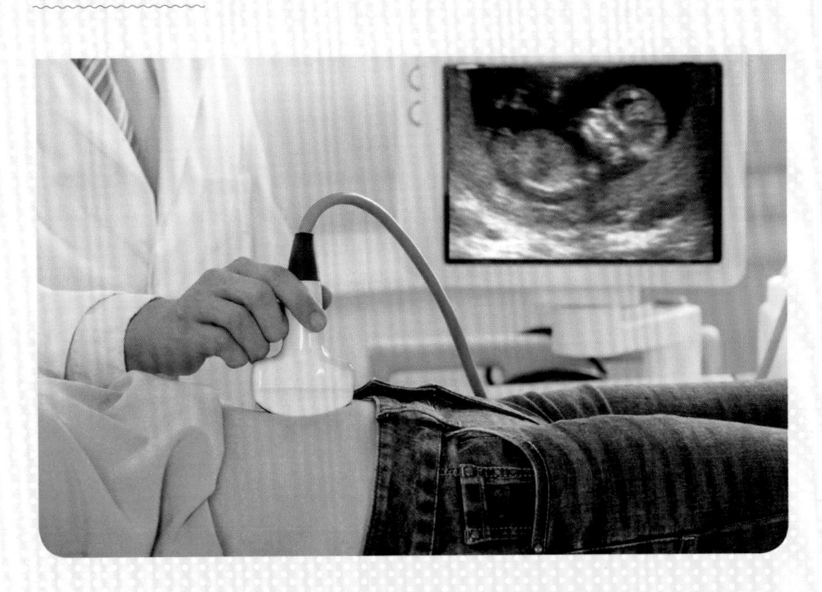

潘醫師讓妳問

Q 懷孕了可以吃薑母鴨、麻油雞、當歸羊肉爐嗎？

A 這幾項鍋品儼然成為台灣人冬令進補不可缺少的要角。薑母鴨是以紅面番鴨肉、黑麻油、生薑加上米酒提味，成為一道台灣人冬季常吃的溫補食品；當歸羊肉爐湯底的藥材有當歸、八角、花椒、黨蔘、肉豆蔻等；麻油雞湯是麻油煮雞肉。這些鍋品的中藥材及黑麻油對胎兒及孕婦本身都沒有任何害處，我特別向一位飽學的權威中醫師蔡繡鴻請益，也得到相同的看法，所以孕婦可以放心吃，所謂麻油會促使子宮收縮導致早產的說法並不正確，沒有這回事。

中醫師更進一步表示，孕婦可以溫補不宜熱補，而酒和麻油能促進血液循環，使末稍血管擴張，因而能暖身，但是宜適度，若補得太過會使身體燥熱，容易出血。有些人的體質不耐熱補，會流鼻血，孕婦也要慎防出血，所以食用這些鍋品時以吃肉為主，酒精濃度高的湯可以適量，不宜大量喝，更不要天天吃。

所以，冬令進補只要有所節制，孕媽咪們想吃就吃吧！

孕媽咪筆記

Part 1. 待辦事項

Part 2. 要問醫生的問題

Part 3. 我的心情

CH 3

懷孕9～11週

HELLO，小小人你好！

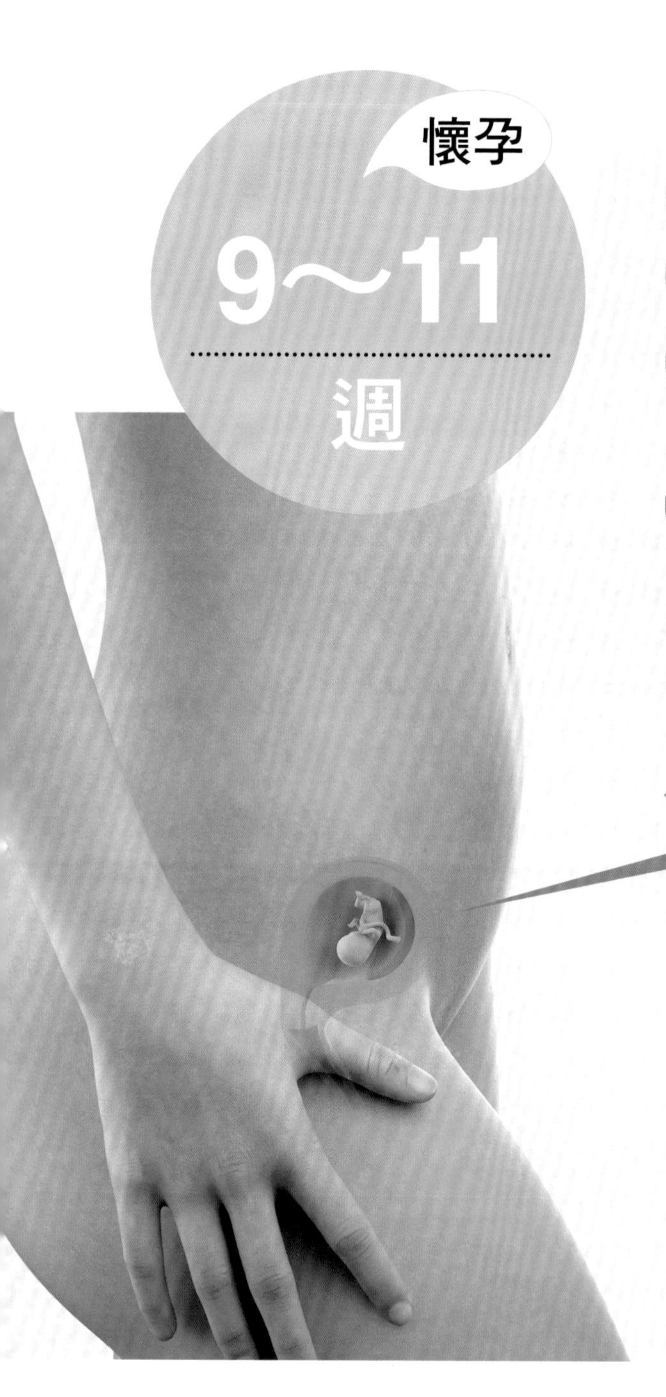

子宮大小 如拳頭般。

基礎體溫 呈高溫相。

陰道分泌物狀況 乳白色帶有酸甜味，增多。

身體狀況 嚴重害喜，腹部尚未明顯凸出，由於荷爾蒙的變化，容易感到下腹部發脹、頻尿，乳房也開始脹大；這幾週是胎兒成形最重要的時期，也是最容易流產的時期。

胎兒的樣子 身高約9公分，體重約30公克，頭、身體、腳各佔身長的1/3，臉型已像人類，牙根也開始形成，皮膚的感覺像蠟一般。

從第9週開始，由肋骨構成的胸廓漸漸關閉，作用是保護心臟；眼瞼完全閉合，以保護眼睛，直到第26週時才又打開；胎兒的手指漸呈放射狀分開，可以張合，指甲也出現了！

到了第10週，身體下半部的成長開始急起直追，成長的速度甚至比頭部還要快；此時期胚胎的身長加倍，腸子也完全移入了腹腔。上下頜開始骨化，上面的牙板冒出齒芽，聲帶開始發育，唾腺也開始有作用了。

透過超音波照片來看看寶寶現在的樣子

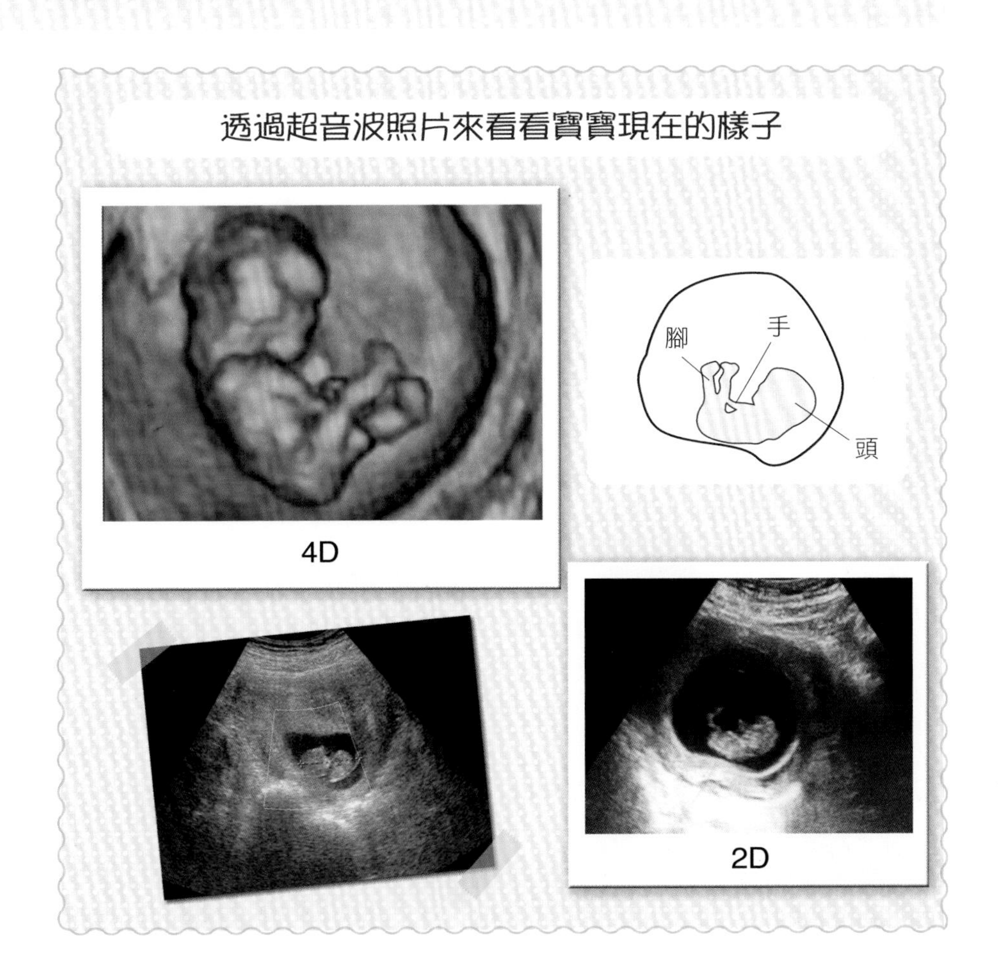

孕媽咪看過來

1.嚴重害喜且經常嘔吐的孕媽咪，即使吃不下東西也要多喝開水，因為脫水對寶寶的發育很不利。

2.早晨一起床就要立刻吃東西，可在床頭事先準備蘇打餅乾、烤土司等輕食，因為一旦空腹會加重害喜的程度。

3.害喜如果太嚴重，請教醫師是否需要住院治療。

4.要戒菸、戒酒，這些都會給寶寶的成長帶來不利影響。

5.要預防便秘，除了規律正常的飲食外，還要多吃含高纖維的蔬菜，起床後也可以喝一杯溫開水或牛奶。

6.身體發冷會引起子宮收縮，所以要記得保暖。

7.如果仍在上班，記得要有足夠的休息時間，不要太勞累，也要找時間伸伸腿腳，活動一下筋骨。

8.保持精神愉快，不要有太多壓力或負面情緒。

潘醫師給孕媽咪的提醒 Part 1

孕期出血，一定要就醫檢查

孕期出血的狀況有很多，原因及處置方式也各有不同，以下就早期出血及中晚期出血分別說明：

●早期

原因：懷孕前3個月出血，很多情況是找不到原因的，而在找得到的原因當中，以染色體異常最常見，這種情況沒有預防方法，所謂「適者生存」，若胚胎本身不健康，就會被自然淘汰，發生機率約為10%。

其他原因還有：荷爾蒙失調、子宮肌瘤、子宮肌腺症等因子宮本身問題，或是有習慣性流產、感染、免疫系統對懷孕產生排斥等，心臟、腎臟功能不好的女性，生活壓力大、熬夜、太過疲累，吸毒、抽菸、喝酒等，也都會導致懷孕早期出血。

處置方式：做超音波檢查，確認胚胎有沒有正確著床，最早可以看到妊娠囊是在最後一次月經後4週又3天，較能確認的時間大約是在第5週，所以懷孕第5週就可以做超音波檢查。若出血是源於先兆性流產，醫師會給安胎藥，補充黃體素，並建議孕婦多休息，避免過度勞累。

●中、後期

原因：此時出血要特別小心有可能是胎盤問題引起，像是胎盤過低、胎盤剝離、前置胎盤等；若是懷多胞胎，在中後期也比較容易有出血現象。

處置方式：這時出血較需要擔心的問題是早產，所以此時要確定胎盤有沒有問題，要檢查胎盤的位置對不對，並使用胎兒監視器，評估胎兒是否健康，也要了解宮縮情形；若出現早產現象，應安排住院，並給以肺泡成熟劑及安胎藥。

若為前置胎盤，需要住院安胎，直到出血狀況緩解。

若為胎盤剝離、子宮破裂，表示母體可能已經沒有血液能供給胎兒，必須立刻進行手術讓胎兒娩出，否則可能會導致胎兒缺氧死亡，延誤太久的話連母體的生命都有危險。

若為多胞胎，容易因早產而有出血的情形，但胎盤位置不一定有問題，所以應評估是否需要安胎。

潘醫師讓妳問

Q 我早期懷孕，正面躺著睡覺腰很酸痛，趴著睡比較舒服，請問孕婦可以趴著睡覺嗎？

A 懷孕前3個月可以趴睡，這時腹部仍有足夠的空間，趴著睡不會壓迫子宮，但也因個人體型差異而有不同，如果趴著睡感覺不舒服當然就不要，但如果懷孕再多一點週數就不能趴睡了，改成側睡或是抱著抱枕半趴半側睡比較好。

Q 聽人說懷孕不可以吃薏仁，是這樣嗎？

A 中醫師蔡繡鴻說，在中醫書籍裡確實有提到薏仁有利水下行的功效，懷孕婦女不可食用，否則會有流產的風險；西醫藥理學動物實驗中發現，薏仁的確會使子宮平滑肌興奮，導致子宮出現收縮的狀況，但現代醫學還未有人體實驗證實薏仁會導致流產。

需要在意的關鍵點還是在於食用量，任何食物都不適宜過量食用，若只是不小心吃了一點薏仁，因此而導致流產的可能性非常小，不用過於擔心。對於喜愛四神湯的孕媽咪，吃豬腸喝湯是可以的，至於甜點薏仁就先忍著，產後再吃吧！

潘醫師給孕媽咪的提醒 Part 2

該為了肚中的寶寶與寵物分手嗎？

現在人養寵物的比例很高，很多女性在懷孕前有養寵物，不管是貓、狗、鳥、魚、蜥蜴、蛇，什麼都有人愛，甚至把牠們當成家人般看待，而一旦懷孕，孕媽咪常聽人們建議要將寵物送走，以免因感染人畜共通傳染病而導致胎兒畸形。其實這是不需要的，如果孕婦因為寵物被送走而使心情受到影響，反而不利孕程。

懷孕時最需要注意的人畜共通傳染病原為弓漿蟲，貓是主要宿主。弓漿蟲是一種單細胞寄生蟲，能感染幾乎所有的恆溫動物，包括寵物貓狗和人類，而弓漿蟲只有在貓科動物體內才能產生有傳染性的蟲卵，貓在吃了被弓漿蟲感染的野味或生肉後即可能被感染，通常在貓被感染的3～10天後，蟲卵開始從糞便排出，持續10～14天左右。

●如何避免傳染弓漿蟲病？

每隻貓咪一生只會感染一次弓漿蟲，也只會傳播一次卵囊，卵囊排出的24小時內沒有傳染性，所以只要每天清除貓咪糞便，基本上人類就不會通過貓糞感染弓漿蟲。

大多數被傳染弓漿蟲的人，基本上都是因為吃下具有傳染性的蟲卵而被感染，要避免被感染，要做到以下幾點：

1.不吃沒煮熟的肉：如果烤肉、涮肉的溫度不夠，或是煮的時間過短，其中的弓漿蟲卵沒被殺死，就有被傳染的危險，所以煮肉、涮肉、烤肉要吃全熟的，切過生肉的刀和砧板要洗乾淨，生食、熟食的砧板最好區隔使用。

2.不接觸感染弓漿蟲的貓咪糞便：懷孕前3個月要少接觸貓咪，貓砂要每天清理，但孕婦不要自己清理；不給貓咪吃半生的肉或食品，只餵牠吃貓糧或貓罐頭，也別讓貓咪外出，以免因接觸到流浪貓而感染。

3.做弓漿蟲病檢查：若準備懷孕，最好提前3個月做孕前檢查，若發現感染弓漿蟲，要治療痊癒後再懷孕。如果孕婦在懷孕前感染過弓漿蟲病且已治癒，就不會再傳染給胎兒；如果孕婦在懷孕前未感染過弓漿蟲病，又未注射過相關疫苗，一旦感染就會傳染給胎兒。

4.做好寵物護理：勤給寵物洗澡，注意清洗寵物的趾甲和眼耳，還要定期為寵物注射疫苗，打預防針，驅除體內外的寄生蟲。

事實上，時下大多數的寵物貓自幼就被養在室內，幾乎從不會外出與野貓共處，也多數是以飼料餵食，所以不用太擔心有弓漿蟲感染的可能。

孕婦看牙科須知

懷孕期間由於體內荷爾蒙產生變化，口腔內某些致病菌增生，使牙齦對細菌的刺激更加敏感，加上孕媽咪飲食習慣改變，可能偏愛酸酸甜甜或是重口味的食物，也會提高牙齦發炎與蛀牙發生的機率；另外，發生在懷孕初期的孕吐，因嘔吐出來的酸性物質容易損害牙齒，時間一久就會使牙齒脫鈣、變軟。

如果放任蛀牙或牙周病情況惡化，不但會使孕媽咪的進食情況不佳，繼而影響寶寶的營養吸收，且牙周病若惡化，會引發牙齦紅腫疼痛與流血狀況，細菌容易透過血液影響胎兒的發育，嚴重的話可能導致早產或流產。所以，懷孕期間若有牙齒的相關疾病，必須要積極治療，以下的注意事項提供孕媽咪看牙醫時作為參考：

1.可以照牙床X光，但腹部需覆蓋鉛衣。
2.可以打局部麻醉藥。
3.可以抽牙床神經，做根管治療。
4.無痛的情況下可以拔牙。
5.可以吃抗生素。
6.無藥物過敏者可吃止痛藥。
7.可以吃胃乳片。

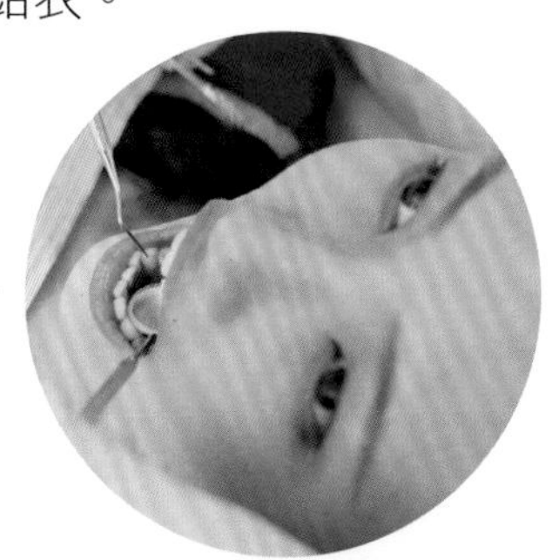

潘醫師給孕媽咪的提醒 Part 3

養成良好的衛生習慣，預防感染巨細胞病毒

在已開發國家中，約有七、八成人口是巨細胞病毒（cytomegalovirus，簡稱CMV）的帶原者，巨細胞病毒是一種常見的病毒，各個年齡層的人都可能受感染。初次感染巨細胞病毒後，有很長一段時間病毒會繼續在喉嚨分泌物、尿液及精液中出現，之後會潛伏在單核球（Monocyte，人體免疫系統中的一種白血球）中，它一旦進入人體，就會終生存在。

免疫能力正常的人在感染巨細胞病毒後通常無症狀產生，但在免疫不全的人，如器官移植或AIDS病人及未出生的胎兒，巨細胞病

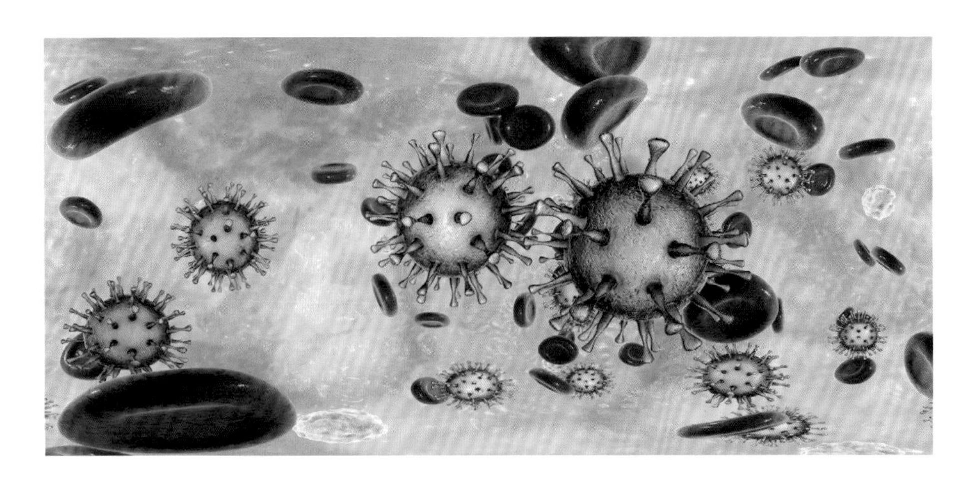

毒卻具有致病力，它的傳播途徑主要有以下三類：

1.人際接觸：如接吻、性行為，或經由手將唾液和尿液傳播至眼睛、鼻子或嘴巴。

2.懷孕婦女將病毒直接傳染給胎兒。

3.輸血和器官移植。

初次感染巨細胞病毒的孕婦，在懷孕過程中將病毒傳染給胎兒的機會約為1/3；若在懷孕前即感染巨細胞病毒，在懷孕過程中將病毒傳染給胎兒的機率則會降低。在已開發國家中，大約每750個胎兒就有一個因感染巨細胞病毒而導致殘障。

巨細胞病毒對胎兒發育可能造成的傷害，包括：智力障礙、聽力受損、視力受損、成長障礙、肺部疾病、血液疾病、肝臟疾病、脾臟疾病等，因巨細胞病毒感染導致的症狀，可能在出生時即顯現，或遲至嬰兒期才出現。因巨細胞病毒感染而導致新生兒聽力及視力受損，通常發生在出生後數月或數年之後，而大部分感染巨細胞病毒的嬰兒並不會出現症狀或殘障。

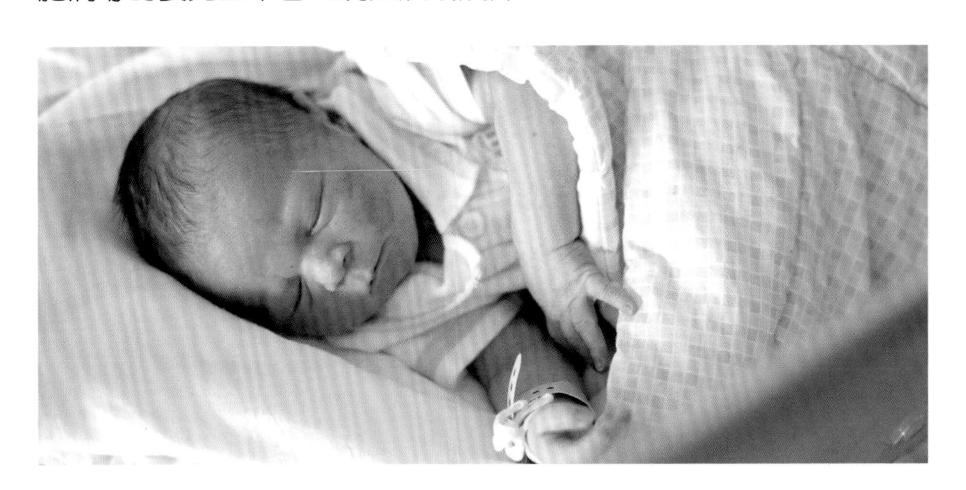

●托兒所常見巨細胞病毒感染

孕婦會經由接觸嬰幼兒而感染巨細胞病毒，尤其是經常接觸2歲半以下嬰幼兒者。巨細胞病毒感染在托兒所很常見，但是巨細胞病毒對幼兒本身並無傷害性，反而是照顧幼兒的師長可能有感染的風險，所以有孩子在托兒所或自身在托兒所上班的孕婦，以下做法可避免感染巨細胞病毒：

1.勤洗手：經常用肥皂和清水洗手，尤其在接觸嬰幼兒唾液和尿布之後；每次洗手時間大約要15～20 秒。

2.避免直接親吻6歲以下幼兒的嘴巴和臉頰，減少唾液和體液的接觸。

3.不要和幼兒共用食物、飲料和餐具。

如果妳已經懷孕、在托兒所上班，且未感染過巨細胞病毒或不確定是否被感染過，妳就應該選擇照顧 2 歲半以上的幼兒，以減少被巨細胞病毒感染的機會。

要怎麼知道有沒有感染過巨細胞病毒呢？通常藉由血液檢驗就能確定，羊膜穿刺檢測就可得知胎兒是否受到巨細胞病毒感染；至於新生兒，可利用採集「腳跟血」篩檢代謝疾病時多採集一片採血卡，即可檢查有無感染巨細胞病毒，但此項檢查健保並無給付，須自費。

潘醫師讓妳問

Q 懷孕初期有一點出血，正常嗎？

A 懷孕初期如果只有一點點咖啡色或粉紅色出血留在內褲或衛生紙上，且沒有腹痛的情形，較多的情況是因為胚胎著床造成的正常生理現象，只要多休息並持續觀察，通常無大礙；如果出血量較多並持續，或合併腹痛等症狀，可能為先兆性流產或子宮外孕，應盡快就醫。另外，子宮有息肉或子宮頸病變，也可能出現少量出血，不過還是建議小心為上，一有出血就應該看醫生，由醫生判斷是否服用黃體素來控制出血的情況。

潘醫師讓妳問

Q 孕婦可以擦防曬霜嗎？

A 可以，但選擇用品時以物理性防曬的產品安全性較高，較不會引起過敏反應，也不會傷及胎兒；至於防曬係數的選擇（SPF25～SPF50），可視曬太陽時間的長短而定。另外，懷孕期間由於黑色素細胞格外活躍，容易形成黑色素沉積，所以孕婦塗擦防曬品的厚度需要比一般人加強，才能有防護紫外線及避免曬黑的效果。

懷孕9~11週

Part 1. 待辦事項

Part 2. 要問醫生的問題

Part 3. 我的心情

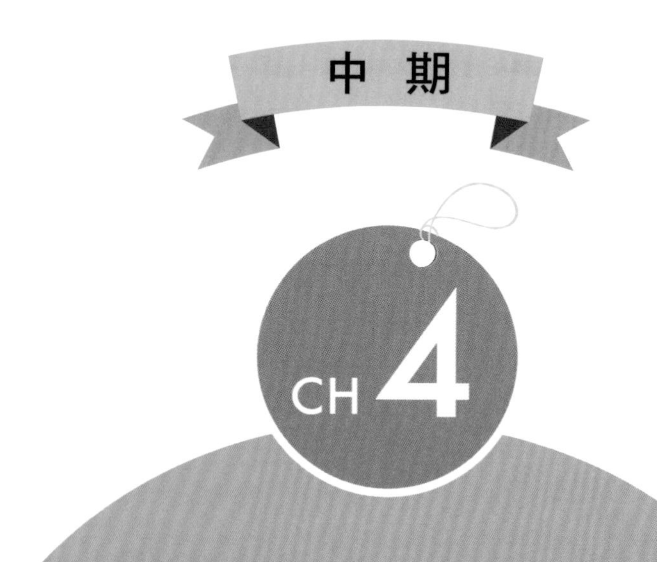

懷孕12～15週

看到你的心臟蹦蹦跳

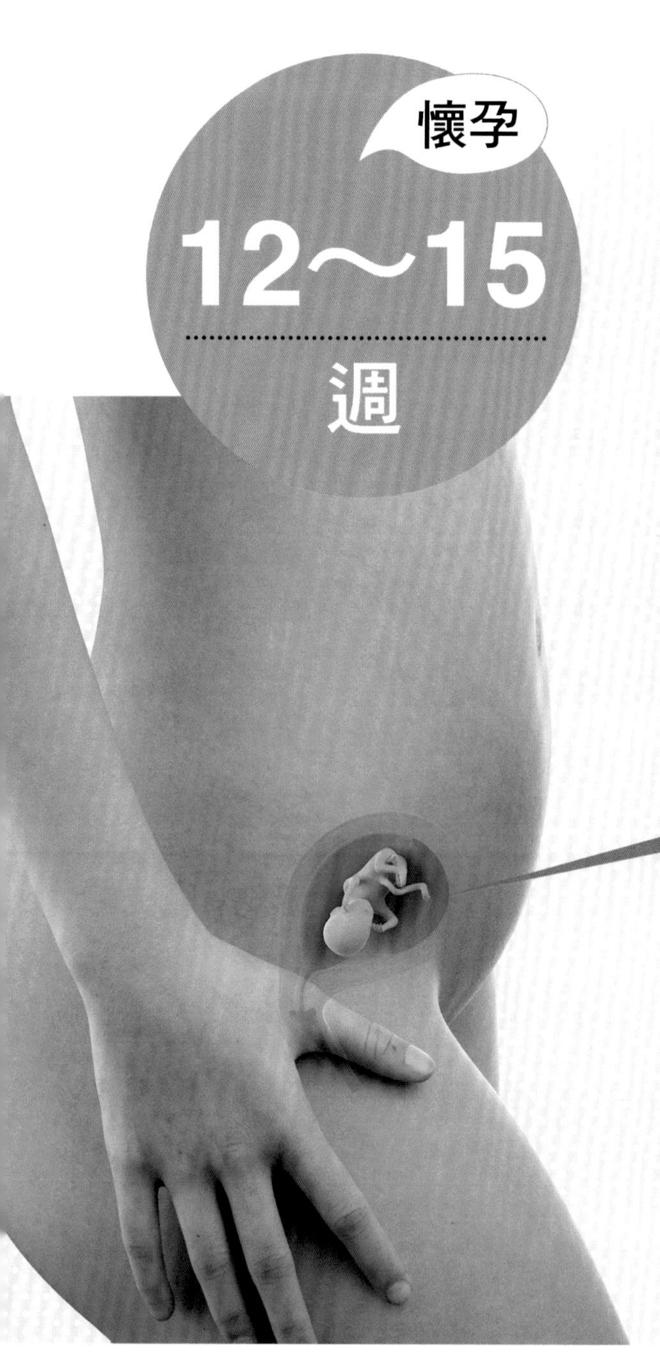

子宮大小 如同初生寶寶的頭，也就是如梨子一般大小。

基礎體溫 從第14週開始，基礎體溫會下降。

身體狀況 由於胎盤和臍帶已長成，流產的危險性減少；害喜的情況消失，但子宮會愈來愈大而壓迫到胃等內臟器官。

胎兒的樣子 15公分，體重約110公克，內臟大部分已形成，但機能卻才剛開始運作；皮膚增厚，漸漸長出胎毛；手部發育完成，有27塊骨頭，由韌帶連接起來；眼睛和耳朵往前生長，頸部更為挺直，頭部開始能轉動；可分辨胎兒外生殖器為男性或女性的明顯特徵。

此時，胎兒的姿勢開始出現改變。之前，胎兒的身體為蜷曲狀，大大的頭部靠在胸口上；這時，胎兒的身體開始變長，腳也變長很多，相形之下，頭部顯得小一點，身體也漸舒展開了！

透過超音波照片來看看寶寶現在的樣子

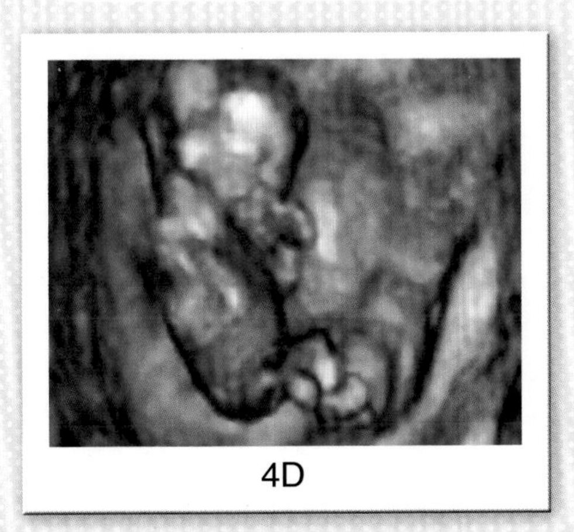

4D

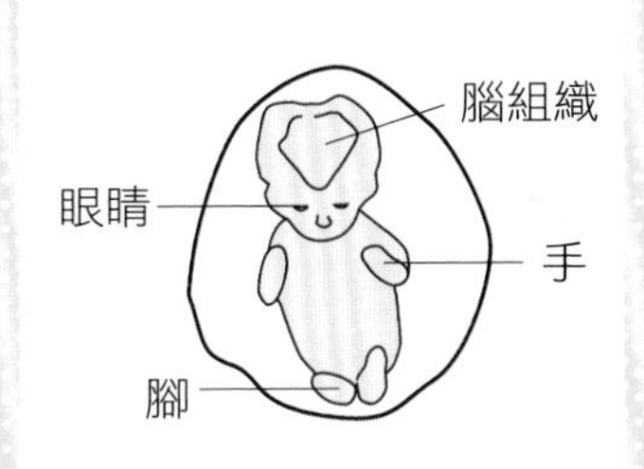

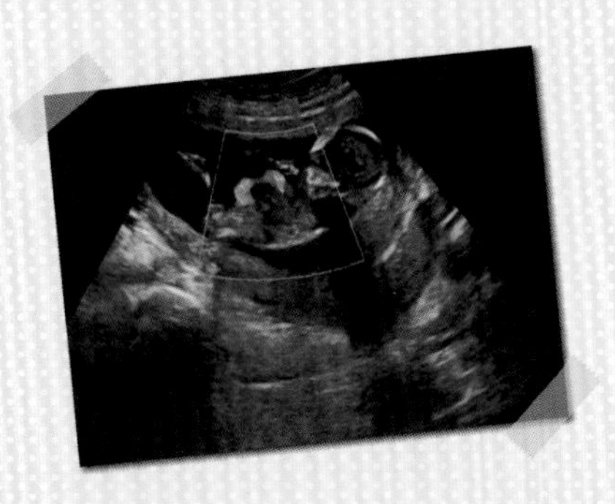

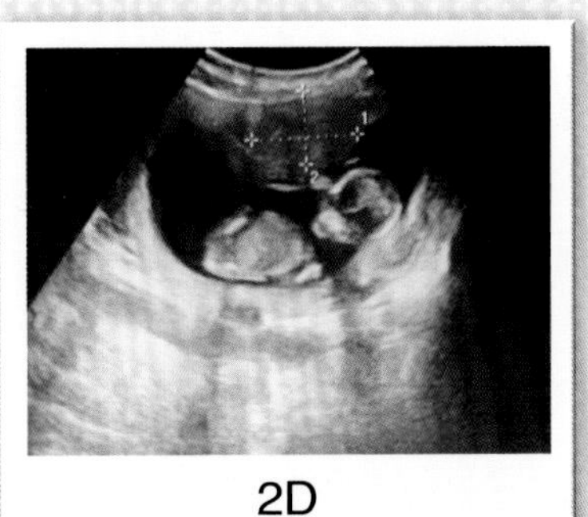

2D

1.穿著寬鬆的胸罩以保護乳頭。

2.為做好哺育母乳的準備，如果乳頭沒有凸出，可試著用手指拉出乳頭。

（詳見CH10 P.237矯正乳頭凹陷的「霍夫曼技術」示意圖）

3.勤按摩乳房，不但可避免乳腺阻塞，也能預防懷孕時乳房表面皮膚被撐開而出現妊娠紋。

4.一天按摩1～2次為宜，如果因害喜而身體狀況不佳則宜暫停。

5.可在洗完澡，身體還溫熱、血液循環較佳時，邊塗抹妊娠霜邊按摩，方式是由乳房的根部往乳頭方向按壓。

6.按摩時若刺激到乳頭，可能會分泌催產激素，這可能使子宮收縮，若有不適，應立即中止按摩。

7.乳頭凹陷務必要每天勤做「霍夫曼技術」使乳頭凸出，有助於寶寶出生後媽咪能親餵母乳。

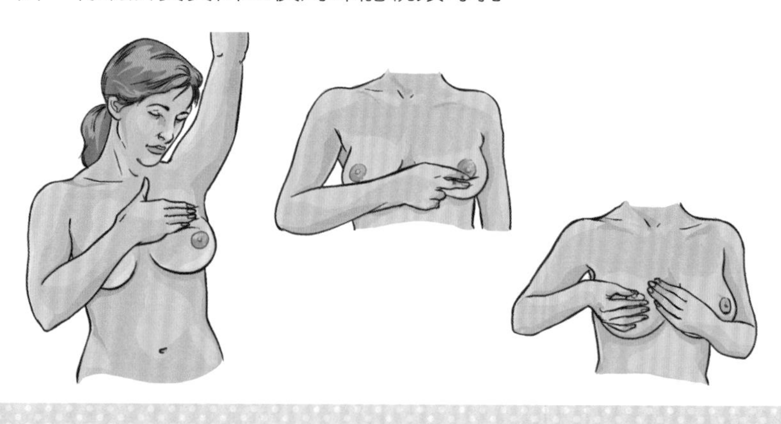

潘醫師給孕媽咪的提醒 Part 1

做羊膜穿刺術，預防生出唐寶寶

所謂「羊膜穿刺術」，是將一根細長針穿過孕婦的肚皮及子宮壁，進入羊水腔抽取一些羊水，以檢查胎兒的染色體有無異常，施術後約2週可得知檢查結果。

唐寶寶正確的名稱是「唐氏症」，罹患此症的寶寶特徵為眼距寬、鼻樑扁，並有智能不足及學習障礙等情形，為避免生出唐寶寶，建議年齡為34歲以上的孕婦，或曾產下先天性異常胎兒、父母

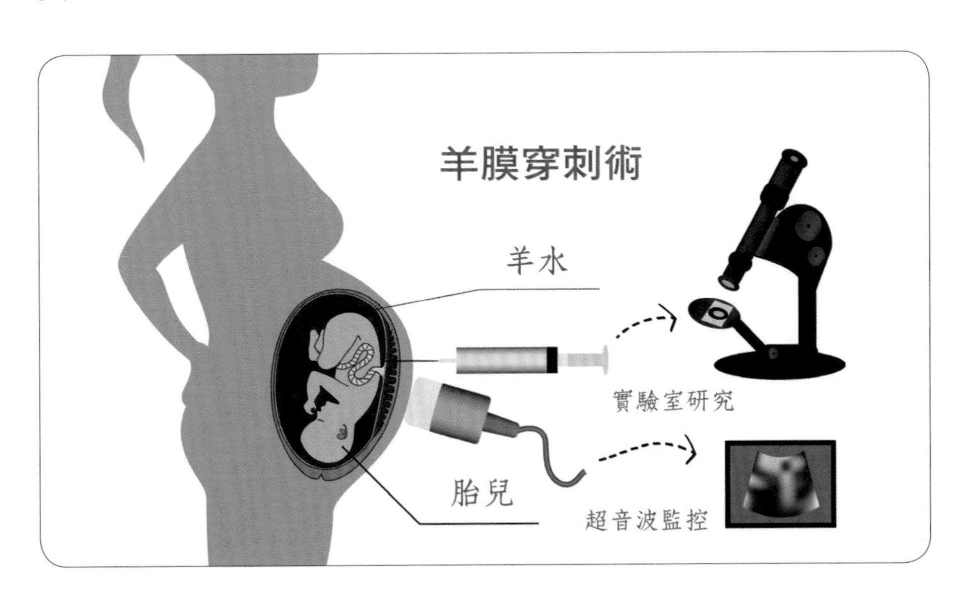

染色體異常、有家族遺傳病史、母血唐氏症篩檢為高危險者，於懷孕16～18週時應進行羊膜穿刺檢查，因為此時羊水量剛好，不會有細胞老化、難以培養的問題。

羊膜穿刺雖然屬於侵入式檢查，但穿刺過程全程由超音波監控，對胎兒不會造成傷害，做羊膜穿刺需抽出約15cc的羊水，而這時胎盤內的羊水量至少有400cc以上，且胎兒後續還會製造，所以基本上不會造成羊水過少的危險性。

做羊膜穿刺術時，在扎針的地方可能會有一點點痛，少數人會有一點點陰道出血，或分泌物增加，不過只要休息幾天這些症狀就會消失；需要注意的是，如果術後有劇烈的疼痛感或發燒，必須立即就醫。

關於羊膜穿刺術	
抽羊水時間	約5～10分鐘即可完成
疼痛感	一點點酸酸麻麻的感覺
檢查時機	懷孕16～18週為佳
費用	約8千～1萬元不等，超過34歲的孕婦國健局有5千元補助

●高齡產檢新趨勢——非侵入性胎兒染色體檢測

非侵入性胎兒染色體檢測（Non-Invasive Prenatal Testing, NIPT）是一項新型的胎兒染色體檢查，源於香港盧煜明教授（Dennis Lo）等人發現母體靜脈血漿中存在胎兒游離DNA，可以做為非侵入性產前診斷的理想材料，使用次世代基因測序分析

（NGS）的技術，可進一步準確檢測三大染色體疾病——唐氏症、愛德華氏症、巴陶氏症，準確度高達99%以上。

NIPT因為具有高準確度，且可以提早檢測（不必等到第16週），又可免除羊膜穿刺等侵入性檢測在孕婦心理造成的恐懼，而逐漸被高齡孕媽咪接受，目前接受檢測的年齡平均為30歲左右，檢測人數也逐年增加，適合做這項檢測的對象包括：近高齡或高齡孕婦（30歲以上）、唐氏症篩檢為中高風險（風險值>1/1000）及其他不願意或不適合抽羊水的孕媽咪們。

但還是要提醒孕媽咪們，做NIPT最好還要搭配高層次超音波檢查，除了從基因層面檢測最常見的染色體異常外，也可同時檢查胎兒發育是否正常。

愛德華氏症

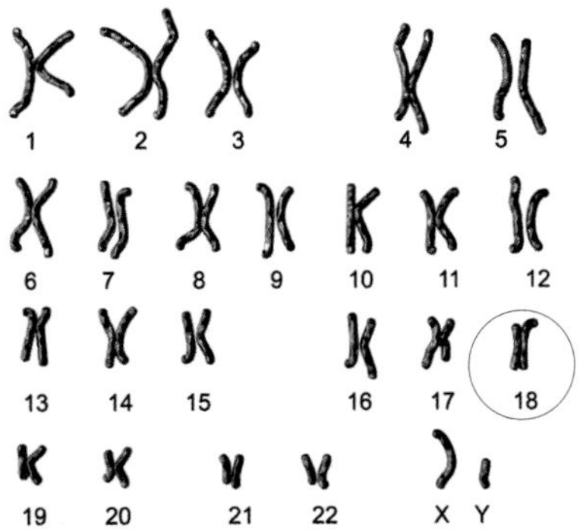

第18對染色體異常的疾病，患者可能食指會疊在中指上、小拇指會疊在無名指上，此為最明顯的體徵，另外，臉部與心臟、腎臟發育也多出現異常，患兒出生時體重多半不足，90%在周歲內死亡，活過周歲的多半也是重度智障，所以一旦診斷確定，多不做任何積極治療。

巴陶氏症

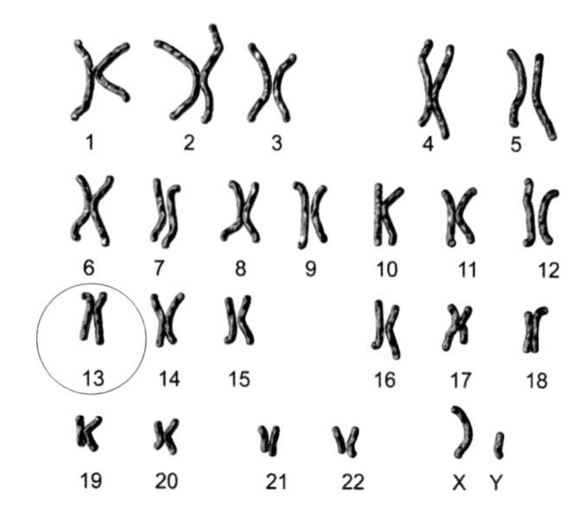

第13對染色體異常的疾病，患者的異常狀況包括：唇裂與顎裂、前腦發育不良、先天性心臟病等，通常活不過周歲，即使活過周歲，也是重度智障，因此多半不給予積極治療。

潘醫師讓妳問

Q 為什麼高層次超音波不用彩色的4D超音波來看？

A 高層次超音波通常是用黑白的2D機器看，其原因在於高層次超音波不論在哪裡都是用2D做，因為4D的作用只能照到臉及身體四肢的表面，也就是能看見胎兒外觀是否完好或有畸形，但是4D不能透視胎兒的內部器官，如心臟、肝臟、腎臟、膀胱、腦、肺、骨骼等，黑白的2D才能穿透測量。

2D是二度空間，如平面（長X寬）；3D是三度空間，是立體的（長X寬X高），但透過螢幕看到的可能是6秒前的影像；4D是三度空間再加上時間軸（長X寬X高X時間），也就是妳所看到的畫面是寶寶同步正在進行的實際動作。

表：各式超音波比一比

項目	時機	特色
2D	每次產檢皆進行	以黑白平面成像方式表現，可透視內臟器官，80%的結構異常可判別出來，醫療上不可取代
3D	建議懷孕12週以後，等胎兒較成人形時進行較好	將大量3D影像隨時間改變進行捕捉成像，也就是會動的3D立體影像，但與實像有6秒的時間落差
4D	建議懷孕12週以後，等胎兒較成人形時進行較好	將大量3D影像隨時間改變進行捕捉成像，也就是會動的3D立體影像，立體影像同步即時呈現，是3D的進階版

空間的故事

1D是一度空間，如一條直線；2D是「長X寬」，是一個平面；3D是「長X寬X高」，是一個立體空間；4D是「長X寬X高X時間」，為即時呈現的畫面。螞蟻的認知能力是二度空間，在螞蟻眼裡世界是平面的，所以牠爬牆就好像走在平地，爬上天花板也感覺不出高度，不會在往下看時感覺那麼高，嚇得掉下來！

高層次超音波檢查

高層次超音波又稱二級胎兒篩檢超音波，不同於一般超音波只檢查胎兒大小、心跳、胎盤與羊水量等，高層次超音波主要是對胎兒全身進行有系統的器官篩檢，它能偵測出胎兒是否有先天異常，如先天性心臟病、心臟鈣化、肝腫瘤、膽道閉鎖或膽管囊腫等疾病。

進行高層次超音波檢查的理想時間為懷孕第20～24週，這時胎兒頭骨、肋骨等都尚未鈣化完全，超音波比較容易穿透，可進一步評估腦部、心臟等細部構造。

高層次超音波雖然比一般超音波檢查來得仔細，但並非完全無誤，其影響因素包括懷孕週數、孕婦腹部脂肪層太厚、羊水量太少或寶寶姿勢正好遮擋住要檢查的部位等，都可能造成影像模糊而影響檢查的準確度。

目前的超音波技術能準確檢查出胎兒的外觀與部分器官是否健康，至於聽力、視力或智力等方面則無法驗出。高層次超音波檢查需自費，費用約3000～4000元，檢查時間約40分～1小時，檢查當日即可知道結果。

以下族群及有類似狀況者，建議做高層次超音波檢查：

1.高齡懷孕者（年齡大於35歲）。

2.曾產下畸胎兒。

3.曾有先天性畸形家族史。

4.產檢中胎兒發育異常。

5.懷孕期間接觸致畸胎物質，如酒精、尼古丁、致畸胎藥物等。

6.產檢時篩查出異常，如胎兒頸部透明帶異常等。

7.孕婦懷孕期間有內科疾病，如糖尿病、自體免疫疾病等。

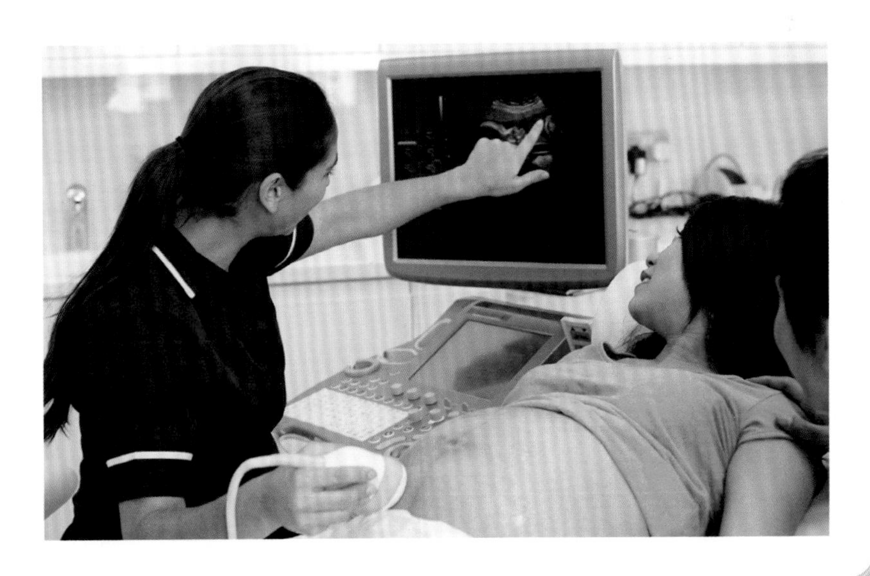

潘醫師給孕媽咪的提醒 Part 2

懷孕期間還是可以輕鬆享受性生活

常有孕媽咪問我，「懷孕了還可以有性生活嗎？」我的答案是：「當然可以！」而且醫師通常會鼓勵懷孕的女性維持正常的性生活，因為孕期女人的內分泌、生理變化很快，體態不再輕盈美妙，肌肉酸痛，情緒起伏，不舒服的情況居多，有先生親密的擁抱，享受性愛快感的愉悅，可以讓孕婦更安心，且醫學證實，親密的肉體接觸可有效減低產前憂鬱症。

妊娠中性生活最需要擔心的是造成流產與早產的問題，但只要注意姿勢及須注意事項，這些問題都是可以避免的，如果因為懷孕就中止性生活，特別是對年輕的夫妻來說，其實是不健康的，**懷孕期間有適當的性生活，對夫妻雙方的身心來說都有好處**。

至於女性在懷孕後性慾會增強或是減弱？由於女性在懷孕後因為荷爾蒙分泌增加，加上骨盆腔和陰部充血，大抵性慾是會增強，但個體間仍存在差異。根據統計，大多數男性感覺妻子在妊娠期間會有性慾的表露，在懷孕初期到懷孕中期每個月做愛1～6次的夫妻約佔六成，到懷孕後期因為肚子變大，使得做愛次數有減少的情形。

孕期做愛須注意事項說明如下：

1.先生千萬不要碰觸、吸吮、玩弄妻子的乳房，因為刺激乳房會促使子宮反射性收縮，容易引發早產。

2.不可射精在陰道內，因為精液含有前列腺素，會造成子宮收縮，易引發早產。

另外，還有人問：女性在懷孕期間會不會因為性高潮而導致流產或早產？其實，高潮只會造成陰道及陰蒂抽搐，並不會造成子宮收縮，也就沒有引發流產或早產的顧慮，所以不妨輕鬆享受性愛的樂趣吧！

潘醫師讓妳問

Q 懷孕期間常流鼻血，怎麼辦？

A 懷孕期間流鼻血確實可能比一般時期頻繁，懷孕早、中、晚期都可能出現，尤其中晚期會更嚴重，因為懷孕讓孕媽咪體內分泌出大量孕激素，使得血管擴張充血，供血量增加，血容量比非孕期增高，而人的鼻腔黏膜血管比較豐富，血管壁比較薄，血液中大量的雌激素可促使鼻黏膜發生腫脹、軟化、充血，加上孕媽咪鼻腔內血管壁脆性增加，就容易發生破裂而流鼻血。

有些孕媽咪懷孕時易缺乏維生素K，這會使得血液中凝血酶減少，而引起凝血障礙，不但易流鼻血，還可能引起胎兒先天性視力和智力發育障礙。

局部刺激或外傷也會使孕媽咪流鼻血，當感冒、鼻竇感染、過敏、或鼻腔內膜乾燥時，如冬季、吹冷氣、處在機艙內及其他乾燥的環境中，也容易使人流鼻血；若孕婦有鼻息肉、血液病、凝血功能障礙、急性呼吸道感染等疾病，也會常見鼻出血，孕媽咪如果經常流鼻血，一定要及時去檢查，排除疾病因素，以防影響孕期健康。

還有一些孕媽咪容易流鼻血是因為懷孕時月經不來，而出現代償性經由鼻黏膜出血，稱之為代償性月經，這主要是個人體質關係引起的，只要量不是太多，對身體並無害。

孕媽咪發現流鼻血時不要恐慌，先坐下，按住鼻翼兩側，等待約5～10分鐘；或是把冰塊放在鼻樑上，因為冰會使靜脈收縮而幫助止血。切記，**流鼻血時不要仰頭，要把頭向前傾，這樣比較容易止血**；如無法停止鼻出血，應立即就醫。

血點結痂後，患者可能會覺得癢，若忍不住動手摳，又可能引起流鼻血，如此反覆便形成惡性循環，所以等止血之後可用棉花棒輕輕在鼻腔內塗抹凡士林或抗生素軟膏，以減少結痂產生及搔癢的感覺。

孕媽咪多吃蘋果、桃、芒果、紅棗等水果，及豆類、乳類、瘦肉、蛋類等，可增強血管彈性，減少鼻出血的情況。

懷孕時怎麼睡？

從懷孕中期開始，孕媽咪的肚子會愈來愈大，仰睡時子宮的重量會壓迫到腹主動脈及下肢動脈等重要血管，使腹部血液回流受阻，造成流向體內重要部位及流向胎兒的血流減少，有時甚至會讓孕婦覺得呼吸困難，所以從這時期開始，妳可以改為側睡。

孕婦需保持良好的血液循環功能，胎兒才可以從胎盤中得到充分的營養物質，對於孕婦靜脈曲張或水腫也有舒緩作用。而左側躺的睡姿不會壓迫到下腔靜脈血液回流系統，血液循環若順暢，供給胎兒的養分就可以更多。因此，建議孕婦盡量採用左側躺的睡姿，若不能習慣左側睡，左右側躺輪流也可以，重點是不要固定一個睡姿就好。

採側睡時，可以在雙腿間夾放一個小枕頭，把上側的腿跨在枕頭上，會感覺比較舒服；但如果妳一時還不習慣側睡，可以在腰背部墊一個小枕頭來支撐肚子，但從懷孕第16週開始，就不要再仰躺睡覺了，原因如前所述，否則可能會危害到寶寶的健康。

認識「子癲前症」

10位孕婦中有1人會罹患子癲前症，它的罹患率在統計學上雖然不高，但此症卻居孕婦死亡原因之首！

一般判斷是否罹患「子癲前症」的依據為下列三點：1.高血壓（收縮壓140以上，舒張壓90以上），2.蛋白尿，3.全身性水腫。**子癲前症的症狀通常開始於懷孕32週時。**

發生子癲前症的原因來自胎盤，由於胚胎著床後會使母體產生胎盤生長因子，而胎盤生長因子會使母體子宮螺旋動脈擴張，以供應胎兒成長過程所需的大量血液，但是子癲前症患者的胎盤生長因

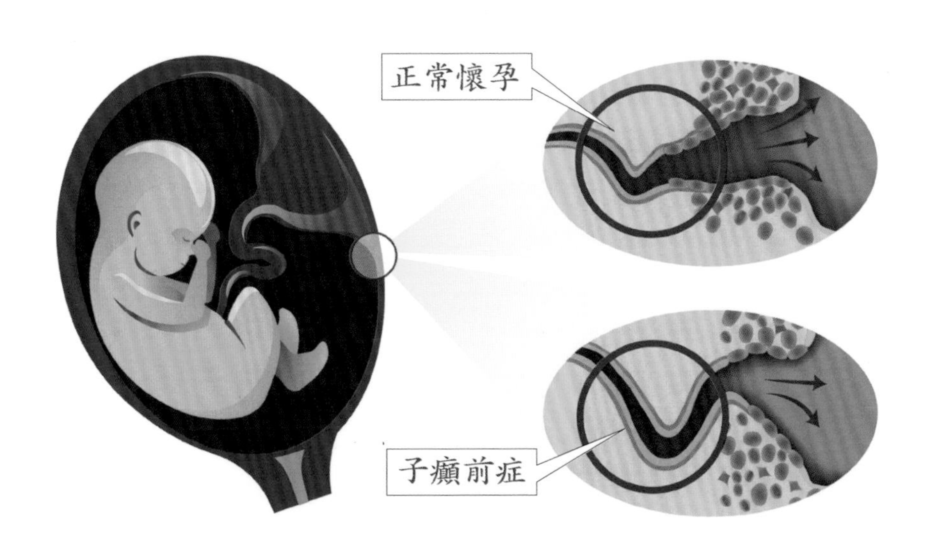

子濃度不足，因此子宮動脈血管擴張不佳，母體的血液要大量且快速擠壓進入較狹窄的血管，在高阻抗的情況之下，孕婦的血壓就會上升，才能將血液輸送給胎兒，也因此發生子癲前症，罹病後胎兒會發生生長遲滯、體重不足的情況。

●懷孕第12週必須做「子癲前症」風險評估

從母體血液中，胎盤生長因子（PIGF）及懷孕相關血漿蛋白A（PAPP-A）的比值，可以早期預測子癲前症的發生，提早進行適當療程。檢測項目包括：34週前發生早發型子癲前症、37週前胎兒生長遲滯、34週前發生早產的預測。

治療方法為口服予低劑量阿斯匹靈每日一顆，到34週時停藥。

高阻抗性的血管造成流量的變化高達16倍

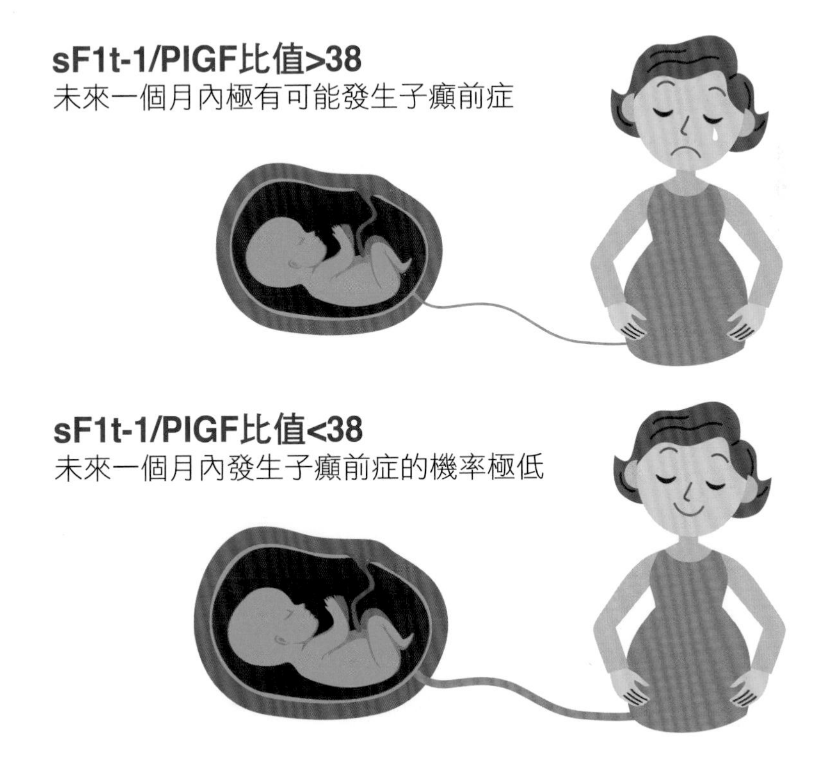

潘醫師讓妳問

Q 懷孕12週時抽血檢查驗出是「子癲前症高危險群」，醫師開阿斯匹靈要我每天吃，我應該吃到什麼時候？

A 最遲到34週就應該停用。因為阿斯匹靈有抗凝血作用，如果有前置胎盤就不宜服用，有早產或是流產的症狀且有出血，也應立即停止服藥。另外，抽羊水的羊膜穿刺術是侵入性檢查，施行的前後兩週也建議暫時停止服用。

潘醫師讓妳問

Q 懷孕期間常常照超音波會不會影響胎兒健康？

A 至目前為止，沒有任何證據證明超音波會對寶寶或孕婦有不好的影響，超音波的原理是音波感應，而不是輻射線，超音波其實就是一種聲音，只是它的頻率是人類所無法接收到的，人類可接收的音波頻率介於2萬～16萬赫之間，而醫學婦產科診斷用的超音波頻率介於350萬～750萬赫之間，其原理是利用超音波遇物體反射的特性，將反射回來的超音波接收後再轉換成畫面，或換算其方向距離位置及數量（體積）的大小。

超音波只是一種機械波，不是游離輻射，當它傳到物質後，只會使物質的分子震動一下，然後又恢復原狀，並不會改變分子結構，且醫用超音波的強度很低，對胎兒及母體的安全性非常高，所以超音波對胎兒及孕媽咪來說是很安全的，醫師建議做超音波時可以不必顧忌。

認識「子宮頸閉鎖不全」及「麥當勞縫合」

當懷孕16～20週時，在無任何子宮收縮的情況下子宮頸就自發性擴張，使羊水膜掉入陰道中，進而導致破水，產出胎兒，稱之為「子宮頸閉鎖不全」，有此病史的人，通常下次懷孕就應當進行子宮頸縫合治療的「麥當勞（McDonald）縫合」，子宮頸環紮法（cervical cerclage），手術時間適宜在懷孕第12～14週做。手術後，等到足月有產兆時再剪開縫線待產，就能順利娩出胎兒；如果選擇剖腹產，可不用剪除縫線，維持到下次懷第二胎、第三胎產後再剪除縫線即可。

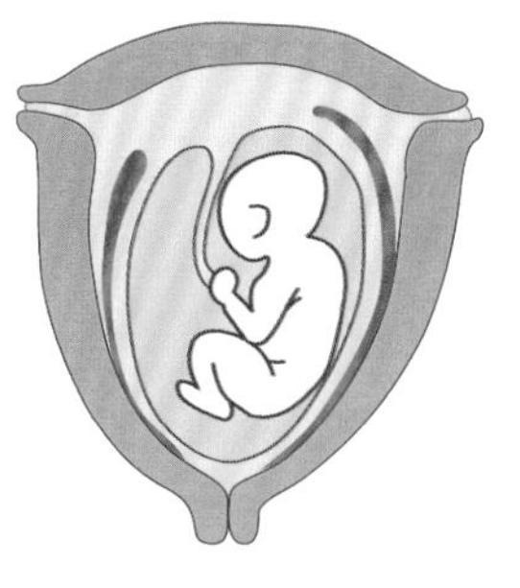
正常子宮頸

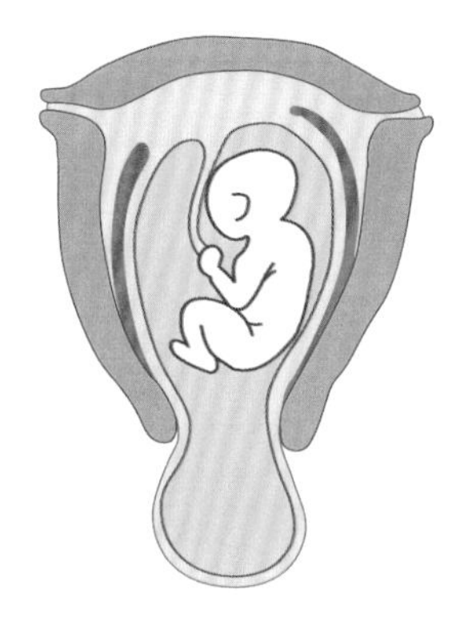
子宮頸閉鎖不全

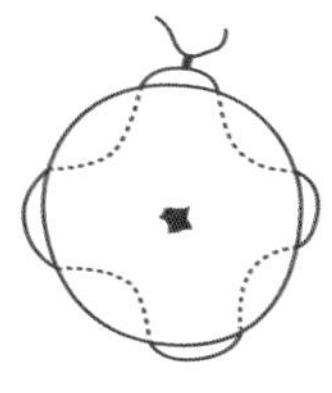
麥當勞縫合

孕媽咪筆記

懷孕12~15週

Part 1. 待辦事項

Part 2.要問醫生的問題

Part 3.我的心情

懷孕16～19週

開始不安分了！

子宮大小 如同文旦或成人的頭一般大小，子宮底高度為14～18公分。

乳房狀況 乳腺發達，乳房變大，乳頭顏色變深，有時會流出黃色的乳汁。

身體狀況 孕婦的下腹部開始隆起，有些人在這時就能感覺到胎動。

胎兒的樣子 身高約25公分，體重約250公克；開始長出指甲及頭髮；觸覺及味覺漸發育，這時寶寶可以嘗到羊水鹹鹹的味道；羊水量增加，胎兒能自由地在母胎內來回游動；手部肌肉力量已產生，所以此時胎兒的手能緊握，也有反射動作，有時甚至能看到胎兒在吸吮拇指；手指和腳趾的指紋也都出現了。

由於胎兒的身體循環系統已經可以完全運作，使得臍帶中的血液必須運送大量的養分，所以臍帶變粗了！

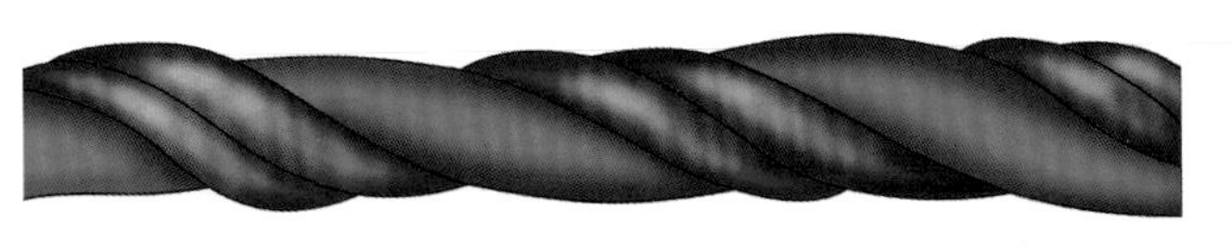

臍帶裡有兩條動脈、一條靜脈，紅色為動脈，藍色為靜脈

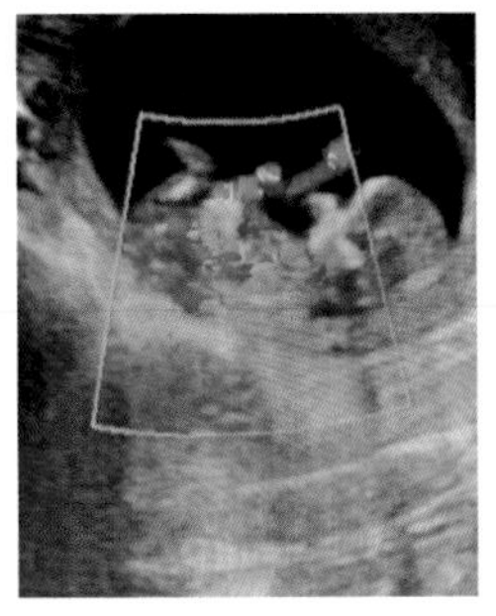

臍帶血

透過超音波照片來看看寶寶現在的樣子

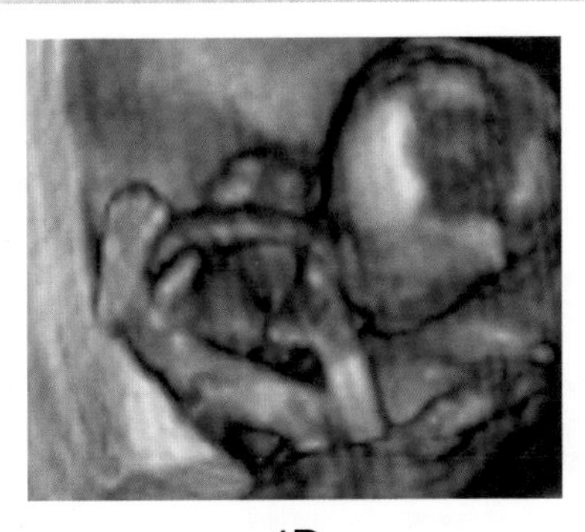

4D

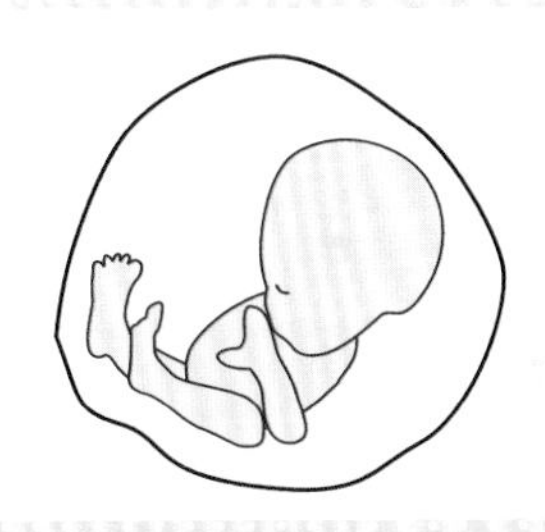

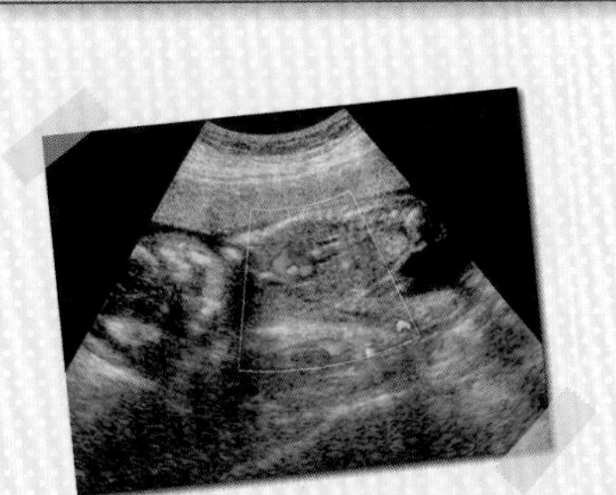

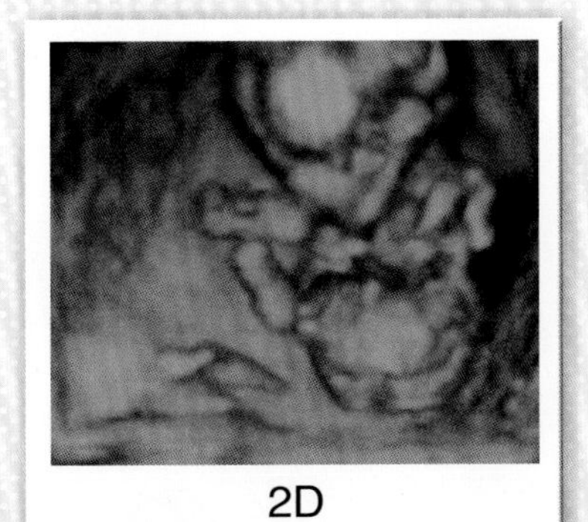

2D

1.懷孕期間由於皮下脂肪附著，會使體重增加，平均1個月增重約1公斤，但如果超過這個增加比例，最好開始控制體重。

2.要留心坐、站、行、臥的正確姿勢，預防背部或腰部酸痛。

3.預訂「媽媽教室」的課程。

4.經常做做體操或散散步。

妳的體重增加狀況正常嗎？

根據統計，有45%的孕婦在懷孕期間增加的體重比合理應增加的體重還多，這不但容易使孕婦可能面臨的風險提高，腹中的胎兒也可能面對較高的風險，甚至寶寶出生後，在7歲之前，也會面臨較多體重過重的情況。

專家指出，在懷孕20週之前，孕婦每週應該只增加0.3公斤，20～40週之間，則是每週增加0.5公斤，以下是懷孕期間孕婦體重增加理想值建議：

懷孕前體重狀況	建議增加（公斤）
體重過輕	13～18
正常體重	11～16
體重過重	7～11
肥胖	5～9

另外，如果妳打算以母乳哺育寶寶，而妳懷孕期間增加的體重過多，可能會延後母乳分泌的時間，所以為了妳跟寶寶好，一定要做好懷孕期間的體重控制。

潘醫師給孕媽咪的提醒 Part 1

減少夜尿次數，幫助一夜好眠

大約在懷孕中期以後，大多數孕婦都會抱怨夜間頻頻起床如廁，讓她們無法好好入睡，有的人要起床2、3次，有些甚至多到5、6次，有位懷第二胎的孕媽咪就開玩笑說：「很想整夜坐在馬桶上睡覺！」

其實要減少夜尿的次數是有訣竅的，不妨試試以下的方法：

1.減少晚間進水：晚餐少喝湯，且晚餐後到上床這段時間若口渴，不要喝熱茶、咖啡或開水，只能喝一點點冰開水，涼到喉嚨即止。

再教妳一個小秘訣：晚餐後若口渴，可盛一杯開水，放入6顆小冰塊，水瞬間冰涼，小口啜飲，即可有效解渴，還能減少夜間尿量！

2.晚餐少吃利尿性食物：孕媽咪在孕初期和孕晚期，應該少在晚上吃利尿性食物，像是西瓜、蛤利、冬瓜、海帶、玉米鬚等都有很好的利尿作用，最好避免在晚餐吃這些食物。

3.降低餘尿感：很多孕婦夜間起來上廁所往往不是真正有尿液必須排出，常常只是尿出來幾滴，便是這種讓人無法忍受的「餘尿感」逼得人不得不起身，要解決這個窘況，當妳坐在馬桶座上時，可嘗試用雙手從子宮下段捧著肚子往上抬起，這樣膀胱就能用力，尿液就能順暢流出，還要記得當妳感覺尿完後再多等一分鐘，讓剩餘的尿液滴乾淨。

這樣，妳就能少一些夜間起床上廁所的次數，睡眠品質自然就能改善。

寶寶各個感官的發育進度

感官發育進度	週別
味蕾出現	7
會吞嚥	10
會呼吸	14～16
會吸吮	24
可聽見一些聲音	24～26
眼睛對光線刺激有反應（但要等到出生後才能分辨顏色及物體形狀）	28

潘醫師讓妳問

Q 聽說吃冰會造成子宮收縮是真的嗎？
為什麼我月經期吃冰會腹痛？

A 經期吃冰可能是因子宮的血管收縮而感到疼痛，但血管收縮並不會使子宮的肌肉收縮，所以不會造成早產，若只是在孕期吃冰不致造成子宮的血管收縮，所以不會因為吃冰而疼痛！

懷孕時吃冰對胎兒的氣管不好？

或許妳曾聽說：「孕期不要吃冰，否則以後寶寶的氣管會不好！」這完全是無稽之談，孕婦吃冰和寶寶氣管好不好沒有任何醫學上的關係。冰是水經過溫度變化的不同樣態，熱水冷水都是水在溫度變化後的樣態差異，同樣是水，它的化學性質及分子結構就都一樣，不會因為溫度變化就對寶寶的氣管有傷害，況且冰吃入口，經過食道，到了胃已經變熱了，和胎兒的氣管出問題一點關係也沒有！

潘醫師讓妳問

Q 懷孕幾週可以用超音波看出寶寶的性別？

A 通常在第20～24週，做高層次超音波檢查可以99%準確看出寶寶的性別。高層次超音波不單能看見男寶寶的陰莖，也能看到女寶寶兩片隆起分開的大陰唇，而男生比較容易從短短的陰莖看出，所以有許多例子在12週就能確定是男生，但是女生則比較不好斷定。12週時男生的龜頭和女生的陰蒂一樣大，容易導致誤判。

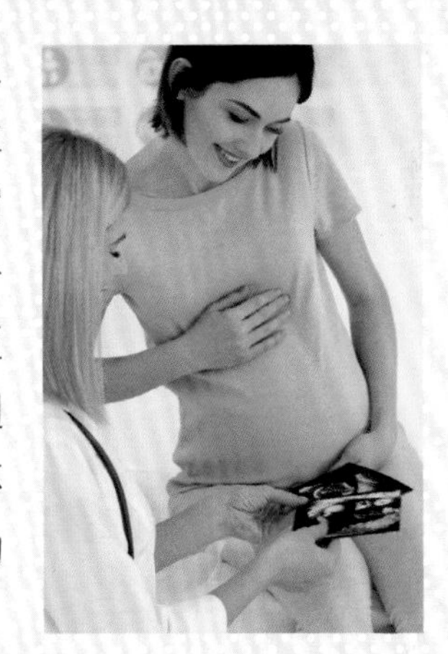

Q 為什麼醫師早期判定寶寶是男生，後來又變成女生？

A 那是因為在寶寶發育早期，有些女生的陰蒂稍微明顯一點，很容易被誤認為是男性陰莖的龜頭，且由於睪丸在33週時才會下降到陰囊內，以致早期並不能看見睪丸。

Q 有長輩說孕婦肚子尖尖的會生男生、圓圓的會生女生，是這樣嗎？

A 完全不正確，這沒有科學根據！會這麼說，大概因為男生的生殖器形狀是尖的，女生是圓的，科技發達前人們做了錯誤的推論吧！

懷孕期間近視度數會增加是真的！

懷孕時因為眼球的玻璃體水腫，使得眼球形狀變凸，導致近視加深。近視的原因通常是眼軸增長，正常成人眼軸男性為23.5～24公厘，女性為23～23.5公厘，近視每增加100度，眼軸增長0.37公厘，所以懷孕期間孕婦隨著眼軸增長，近視度數也會加深。

但提醒孕媽咪們，先別急著把原來的眼鏡丟掉，在生產過後3個月，身體的水腫會消失，當體態恢復至產前的模樣時，眼球的軸長也會變短，近視又可恢復成原來的度數了。

若是配戴隱形眼鏡，也會因為眼球的形狀變化而出現度數不合的情形，若因配戴隱形眼鏡出現不適，應將隱形眼鏡取下，暫時以一般眼鏡替代，甚至建議在孕期盡量不要配戴隱形眼鏡。

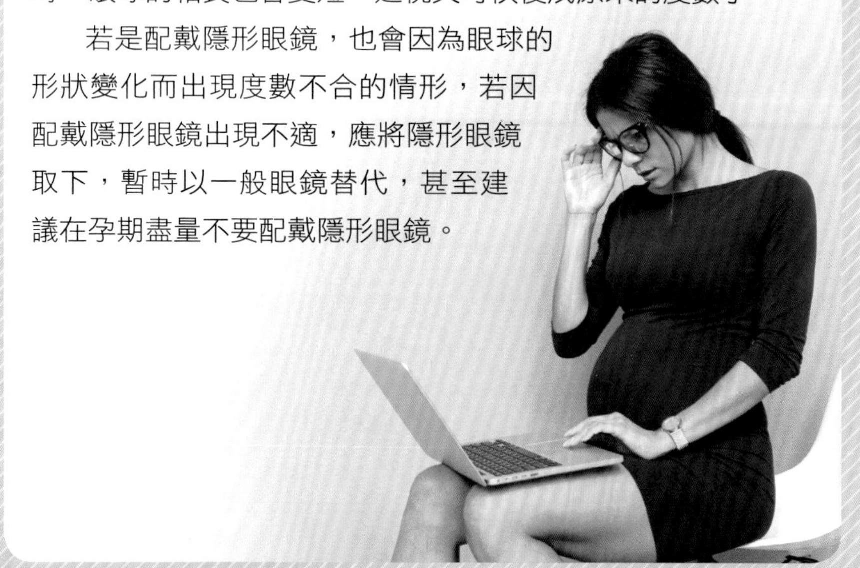

潘醫師給孕媽咪的提醒 Part 2

孕期時白帶不能輕忽

懷孕時受到荷爾蒙分泌的影響，子宮頸管會變大、變軟，且陰道壁會增厚，分泌物也會增多，白帶就隨之增加，並隨妊娠週數遞增情況愈明顯。

陰道感染大部分是因為黴菌（白色念珠菌），分泌物呈白色或黃綠色乳酪狀，如果流出外陰部使皮膚感染了，便會使皮膚搔癢難耐，影響睡眠！但必須要提出來的是，陰道黏膜表面構造沒有癢的感覺，常常使罹病的女性因為疏忽或拖延忍受而不求治，最終因合併細菌感染而發出惡臭味，還可能合併滴蟲或是病毒感染。

其實陰道中平常就存在有大約30種弱毒菌，一旦抵抗力變弱就會成為病原菌，懷孕期間當細菌侵入陰道內，會逆行向上感染，嚴重時會使孕婦早期破水，造成早產有70%的原因就是因為早期破水。若發生破水，細菌接著就會傳入子宮，胎兒可能在子宮內受到感染而罹患肺炎等疾病。

這些致病菌通常是細菌、滴蟲和白色念珠菌的混合感染，黴菌感染也會造成羊膜脆弱導致破水，所以孕婦的陰道分泌物如果有異味、過多、黃綠色、外陰刺痛、搔癢等情形，一定要主動告知醫生，可在內診時進行陰道沖洗診治，也可使用陰道塞劑或外用藥膏治療，總之，不能輕忽！

潘醫師讓妳問

Q 我高齡懷孕，16週時醫師替我做羊膜穿刺加羊水晶片檢查，共抽出30cc羊水，這樣會使羊水變得太少嗎？

A 不會的！胎盤的胎膜、胎兒的肺部、尿液，很快就會將羊水補充到足夠的量。一般單純檢查染色體只要15cc羊水，如果加上晶片檢查則要多抽15cc，所以兩項檢查共要抽取30cc羊水。

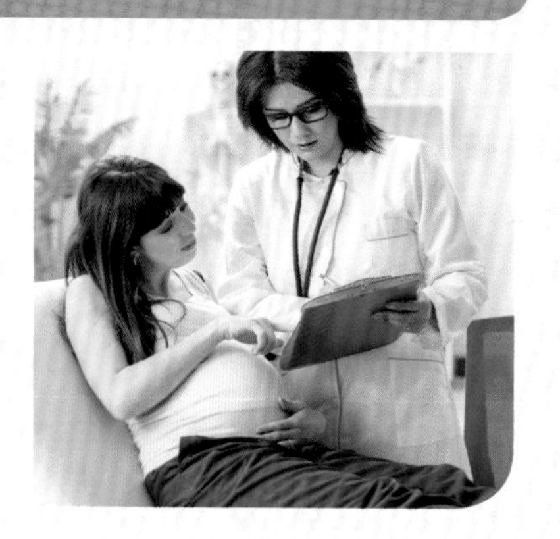

羊膜穿刺VS羊水晶片

羊膜穿刺是把羊水中的胎兒細胞萃取出來後，在顯微鏡下用人工肉眼檢查，可以正確診斷染色體是否正常，確定胎兒有沒有罹患唐氏症，但受限於人工判讀，以至於解析度不足，有時無法偵測出小片段的染色體缺失。

而羊水晶片屬進階式檢查，又稱為晶片式全基因體定量分析，是透過晶片的檢驗，特別針對微小基因片段缺失做檢測，可驗出100多種基因疾病，如小胖威利症（肇因於特定基因功能喪失的遺傳性疾病，患者從童年開始即會不斷有飢餓感，並常因過度進食而導致肥胖和第II型糖尿病）、貓哭症候群（一種染色體變異的遺傳疾病，因為病童哭聲像貓而得名）、天使症候群（因基因缺陷造成的疾病，患者臉上常有笑容，缺乏語言能力、過動，且智能低下）、X染色體脆弱症（一種可能造成智能障礙的病症，患病以男性為主）等。

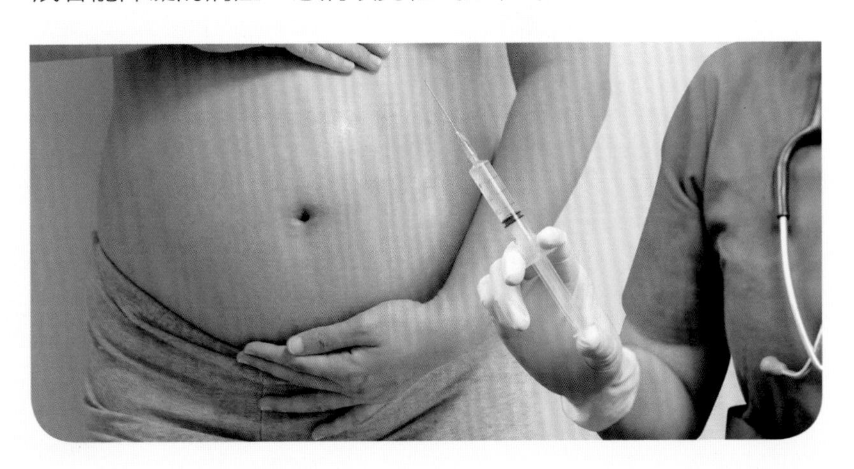

維他命左旋C幫助退散黑色素，有助皮膚美白

從懷孕第16週起，孕婦的乳頭、乳暈會變黑，陰唇、鼠蹊、肚皮中線也會逐漸變黑，這是緣於女性荷爾蒙分泌增加，造成黑色素沈澱堆積所致，產後通常會逐漸變淡，所以孕媽咪們不必太過擔心，產後如果想要讓這些惱人的紋路快點消退，施打高單位維他命左旋C可加速美白。

孕媽咪筆記
懷孕16~19週
Part 1. 待辦事項
Part 2.要問醫生的問題
Part 3.我的心情

懷孕20～23週

可以觸摸到胎動了！

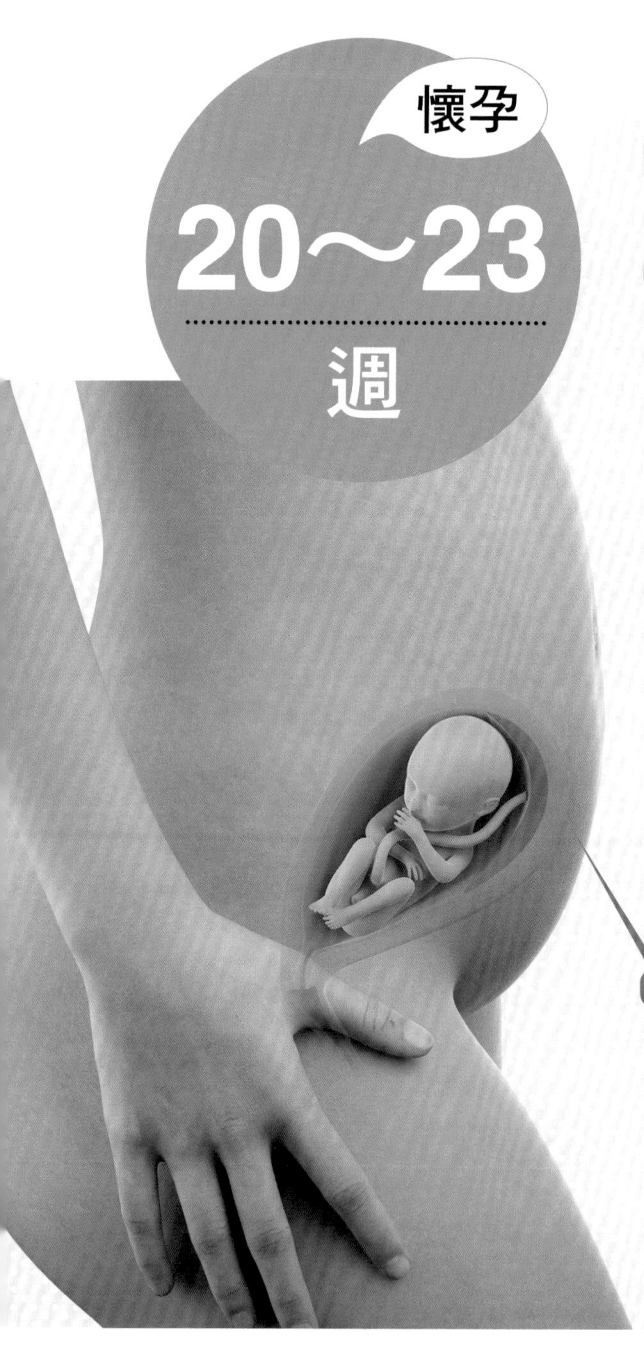

子宮大小 子宮底高度為18～20公分。

乳房狀況 乳暈長出像米粒般的顆粒。

身體狀況 下腹明顯隆起，大部分孕婦能感覺胎動；由於子宮變大，下半身的靜脈會受到壓迫，容易出現痔瘡及靜脈瘤，膀胱也因受到壓迫而變得頻尿。特別提醒，孕婦如果太過肥胖，容易導致難產和造成妊娠疾病，所以進入懷孕安定期後，要開始活動身體以控制體重，懷孕5個月以後就可游泳。

胎兒的樣子 身高約30公分，體重約600公克；已長出眉毛、睫毛，但因為長得太細了，所以超音波照不出來；皮膚上有一層胎脂，顯得有點潮濕；腦部開始發育，控制身體的機能徵兆已可看見。

胎兒舌頭上的味蕾已發育得相當完全，寶寶特別喜歡甜味；心臟每天可以把144公升的血液送到全身，能清楚測到胎兒的心跳聲。

腦部開始急速發育，輪廓像成人的腦，但表面仍顯光滑，尚未出現皺褶。

透過超音波照片來看看寶寶現在的樣子

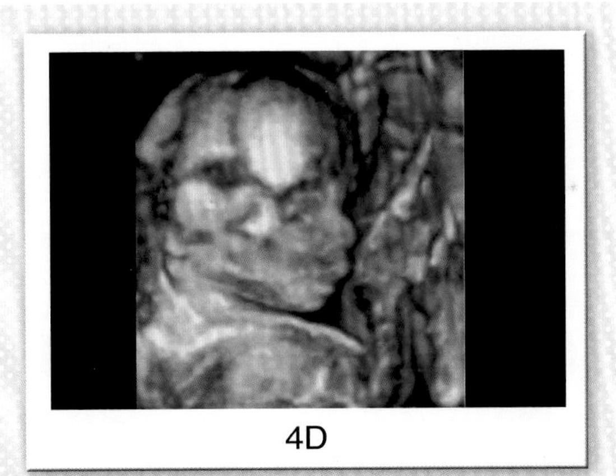

4D

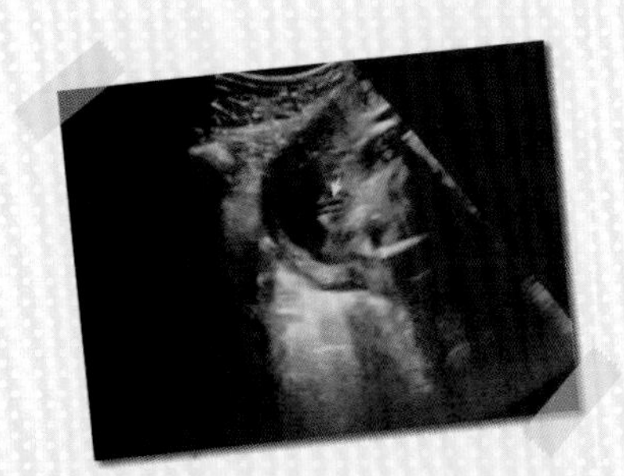

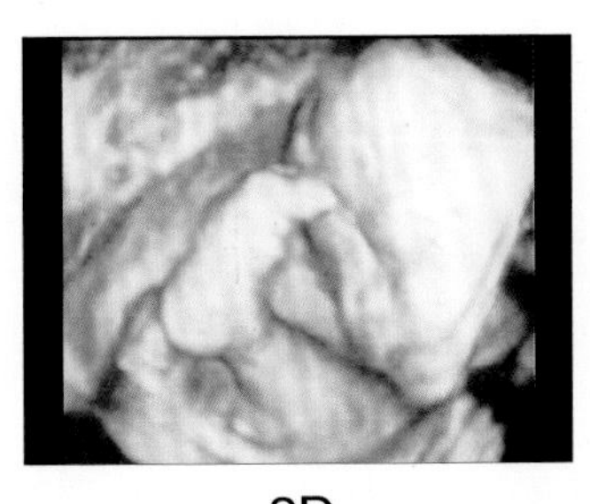

2D

胎脂

胎脂是由皮脂、胎毛、羊膜脫落的細胞所組成，外觀看起來類似奶酪，白白黃黃的，黏在寶寶全身皮膚表層，它的作用是保護胎兒的皮膚不受羊水浸潤，有助於預防感染、保溫、保濕等；還有潤滑的功能，可讓胎兒在旋轉挪動時避免擦傷，亦能幫助胎兒在生產時順利通過產道。

孕媽咪看過來

1.每週測量體重，預防體重過度增加。

2.不要攝取過量的鹽及糖，預防水腫；也要注意攝取足量的鐵質。

3.不要長時間行走或站立，預防發生靜脈瘤和痔瘡。

4.不要過度勞累，充足的休息是很重要的。

5.不要受寒，注意添加衣物。

潘醫師給孕媽咪的提醒 Part 1

認識前置胎盤

前置胎盤是指胎盤位置很低，接近子宮頸內口，依據位置可分為：

1.完全性前置胎盤：即胎盤全部覆蓋住子宮頸內口。

2.部分性前置胎盤：指胎盤部分覆蓋住子宮頸內口。

3.邊緣性前置胎盤：指胎盤邊緣覆蓋住子宮頸內口。

4.低位性前置胎盤：指胎盤位置接觸子宮頸的邊緣，即子宮頸口處。

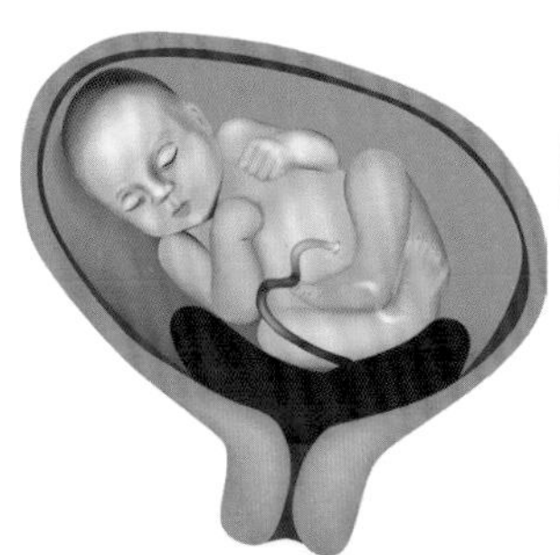

完全性前置胎盤

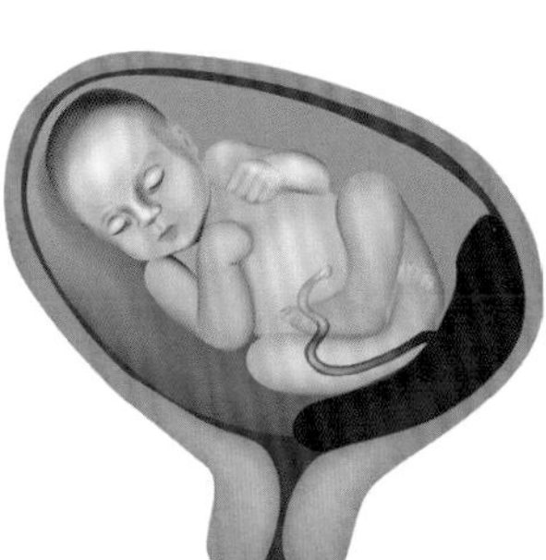

部分性前置胎盤

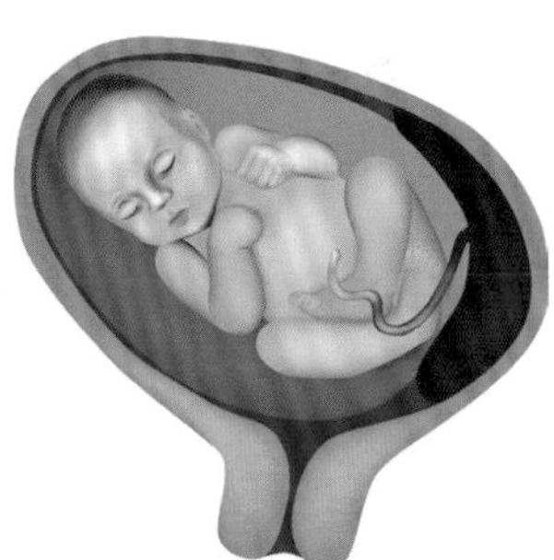

邊緣性前置胎盤

若胎盤著床位置較低，可能會有出血的狀況發生。懷孕期間若有前置胎盤現象，多半會在20週左右經由產檢超音波發現。會出現前置胎盤並沒有特別的原因，一般而言，前置胎盤的發生率為0.29%～1.24%，若為第二胎，則發生率提升為4%～8%；前置胎盤

發生的原因，除了子宮肌瘤、畸形、因搔扒術而傷及子宮內膜外，受精卵也是原因之一，但醫界尚無定論，所以孕媽咪不須為此內疚。

在懷孕早期，胎盤處在低位是很正常的，但隨著懷孕時間增加和胎兒持續生長，胎盤通常會往子宮上部移動，所以，懷孕初期醫師不大會判定為前置胎盤，會等到懷孕中後期，看胎盤位置是否上移才予以確認。

●發現前置胎盤最好靜躺安胎

前置胎盤是無法治療的，因此有此狀況的孕媽咪應該特別注意孕期安全，等待胎兒發育成熟，平安生產。

若為前置胎盤，可能會有出血的情況發生，也可能會有無預警式出血，當孕媽咪發現宮縮不正常，或是胎動減少、亦或出血，應立即到婦產科求診，並聽從醫師建議躺臥安胎。

要避免前置胎盤出血的發生，生活中要注意以下事項：

1.孕期性生活應當避免，可減少宮縮狀況發生。

2.嚴禁騎機車、腳踏車，否則容易因抖動而產生出血或胎盤剝離等狀況發生。

3.勿搬重物、過度彎腰等易造成壓迫腹部的動作。

4.可適當散步或維持正常的居家作息，不須刻意整天臥床。

5.按時產檢，經由每次產檢可確認孕媽咪與胎兒的狀況。

臨產時若為前置胎盤，情況輕微者可採自然生產，但要注意止血；而部份前置胎盤會引起大出血，必須立刻剖腹取出胎兒，避免母親與胎兒兩者都可能會有生命危險。

關於肝斑

懷孕期間，孕婦的頸部或臉上可能出現不規則的褐色斑塊，大多數孕婦在曬太陽後會出現這些斑塊，稱為肝斑或孕斑，這些斑點通常在生產過後會變淡或消失。

預防肝斑出現最好的方法是不要曬太陽，特別是一天之中太陽最毒辣的時候，即是早上10時到下午3時，這個時間段若需要出門，記得要擦防曬品，並以長袖衣褲保護，還要記得戴上帽子及菱形口罩。孕期及哺乳期間皆可使用防曬隔離霜，建議使用SPF50，也就是防曬係數較高的產品，每4小時擦一次。

生產過後肝斑如果沒有消退的跡象，建議可用A酸治療，但要注意，維他命A酸會導致胎兒畸形，懷孕期間不可以使用，如果妳很介意肝斑，孕期時建議使用鐳射治療，鐳射是光波，不是放射線，所以鐳射治療不會傷害胎兒。

潘醫師讓妳問

Q 懷孕期間可以打鐳射去斑嗎？

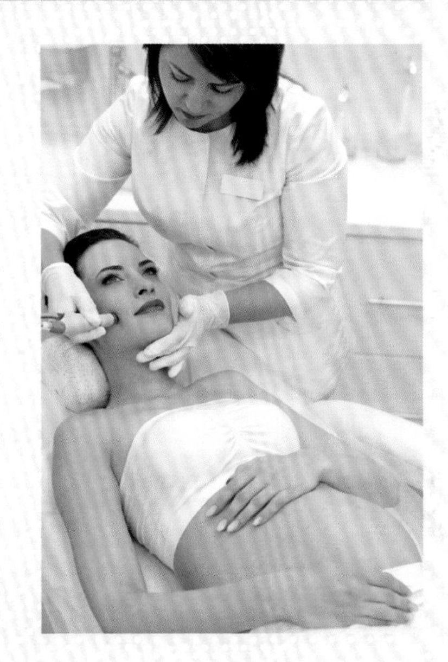

A 可以。鐳射儀器波長能透過皮膚組織的深度很淺，不會因為施打臉部而對孕媽咪腹中的胎兒造成危險。極少數的例子顯示，施打鐳射的熱與痛會讓孕媽咪因緊張而導致子宮收縮，因此大部分醫師會先告知療程風險並且評估狀況。

如果施做前給皮膚表面有效的麻醉，加上小心施打，可有效消減疼痛。

懷孕時由於荷爾蒙改變，約70%的孕媽咪臉上、乳暈、腹部中線、陰部、嘴唇都會有黑色素沉澱，原本的雀斑、痣及疤痕也會有變深的情形，這些斑痕一般在產後6～24個月會漸漸消退，臉部的孕斑則可能因為日曬或是混合其他黑斑無法完全消退，這可以在產後使用鐳射治療加強黑斑淡化。但要建議愛美的孕媽咪，接受臉部鐳射治療的時間最好選在生產後3～6個月，這樣可避免因荷爾蒙改變產生的黑色素變化，使得鐳射療程效果不彰。

潘醫師讓妳問

Q 懷孕22週時做高層次超音波檢查，醫師說肚子中的寶寶大出10天，需要把預產期往前改10天嗎？如果是小6天，要將預產期往後延6天嗎？

A 不用急著更改預產期，先回去找原來產前檢查的醫師，重新查看第一次驗出懷孕的時間及當時照超音波掃描估計的胎兒週數，以當時估計的預產期會比較正確。因為胎兒的體重多少因基因而異，比如同樣38週出生的寶寶，有的體重2800公克，也有的4600公克，所以不能用胎兒體重來衡量孕媽咪懷孕的週數，而且醫生如果說胎兒大兩週，並不表示寶寶會提前兩週出生。

潘醫師讓妳問

Q 孕婦可以吃生魚片嗎？

A 很多人愛吃生魚片，許多以生魚片為主材料的壽司也很受國人喜愛，對於食用生魚片的疑慮通常是因為怕深海魚汞含量較多，另外就是寄生蟲的問題，我相信這也是許多非孕婦會遇到的問題。關於孕婦能不能吃生魚片，比較持平的說法，在日本、韓國、台灣，生魚片在衛生方面應該是可以信任的，所以不需有過多的顧慮，當然妳不會天天吃吧，偶爾吃一點，解解饞，也能補充孕期的營養，但衛生問題一定要嚴格把關，就不會有問題。

胎兒的心跳速率小知識

胎兒的心跳在120～160次/分鐘，但是隨時會變動，可能上午130晚上變140，不固定，小於100才是有問題。

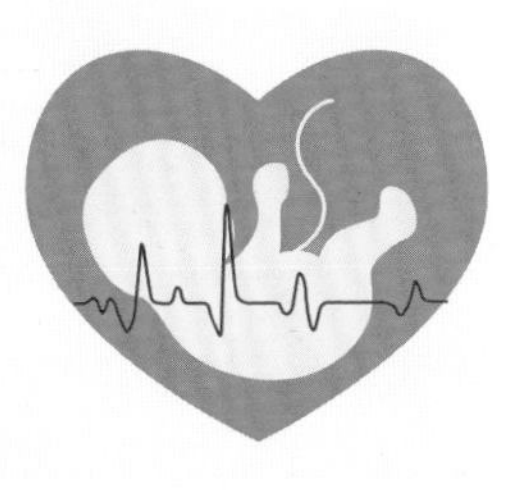

潘醫師給孕媽咪的提醒 Part 2

深蹲、爬樓梯，產前千萬不能試

曾經有個懷孕20多週的孕婦因為規律的腹痛來看診，經過胎兒監視器測試，每8～10分鐘收縮一次，強度超過75mmHg，當下我立刻囑咐她入院安胎。我問她是不是因為工作太勞累？她竟回答：「沒有上班啊！我在家每天運動，做深蹲、爬樓梯。」我心想，「天啊，誰教妳這樣做，簡直是要害妳早產！」

常有好心的長輩、熱心的朋友，主動勸告孕媽咪產前要多爬樓梯、做深蹲，因為生產時需要力氣，所以要多運動，免得生產時使不上力！其實這是開錯藥方下錯藥，反而弄巧成拙。

爬樓梯、做深蹲，這些運動在生產過程中對孕婦的幫助其實很有限，因為生產的陣痛源自子宮收縮，而子宮收縮的強弱由體內的自律神經（也稱「自主神經」）控制，產婦唯一需要用力的時機是子宮頸全開上產台的時候，醫師和護理人員會教導妳如何配合呼吸有節奏的使力，而這時用的是肚子的力量，不是大腿的力量。所以，想要借由練習深蹲、爬樓梯來助產是不必要的。

●游泳、孕婦瑜珈都是很好的運動

孕婦需要適當運動是正確的，但懷孕中後期的運動方式要謹慎選擇，要考量這樣的運動會不會壓迫到子宮、會不會因為肌肉牽動而造成寶寶在不足月時宮縮早產、會不會發生意外？例如有氧舞蹈、跑步等運動項目是不適宜的，即使連小跑、慢跑都不宜，因為震動可能會造成「胎盤剝離出血」，此外像是騎腳踏車、爬樓梯、爬山、深蹲等，在懷孕37週以前都不宜，因為這類運動會使腹直肌及腹斜肌收縮，而壓迫按摩到子宮，容易造成子宮收縮而引起早產。

那懷孕期間做什麼運動好呢？有哪些注意事項？請參考以下的說明。

1.游泳：不管哪一個懷孕階段，游泳都不會造成運動傷害，且是最溫和並可有效減少熱量的運動，即使不會游泳，在泳池邊緣緩步行走都很好，但進入泳池時要注意週遭環境，必須提防被踢到，離開泳池後要盡快擦乾身體，避免著涼，也千萬別去海邊戲水，因為那裡有太多無法控制的風險存在。

2.孕婦瑜珈：在瑜珈老師的指導下，妳會知道每個動作拉放的是哪一條肌肉，就可避免壓迫到子宮，也比較不會受傷。

3.散步：每天晚飯後輕鬆散散步，這是很容易就能做到的，這能幫助控制體重，也能讓夜間更好入睡，但記得穿一雙好走路的平底防滑鞋，若能有家人同行更好。

另外，對於懷孕前就有進健身房進行重訓的人，懷孕後若想維持這項運動習慣，必須有健身房教練的指導，沒有經驗的人就不要嘗試。維持良好的運動習慣，可避免懷孕期間過度增重。

強力彈性襪可防靜脈曲張惡化

孕婦出現下肢靜脈曲張多數是在懷第二胎以上，或是工作需要久站，大腿、小腿或是大陰唇有青藍色的大血管凸出，或是紅色血絲，很妨礙美觀，而這是因為腹部子宮持續向下的壓力，使下身血液循環不良而造成。

位在大陰唇的靜脈曲張在產後會自動消失，在腿部的則不會自動消失，細小的可以用鐳射或注射藥物治療，大的血管則需要手術，但是都能治療，所以不必太過擔心，對於在職場需久站的孕婦，如櫃姐、老師，我建議穿強力彈性襪。

彈性襪依功能可分為「治療型」及「預防型」， 兩者的差別在於彈性及壓力系數（緊度）不同。若無出現靜脈曲張但需久坐或久站者，可穿一般預防型的彈性襪；若已有靜脈曲張的現象，可選擇彈性及壓力系數較高的彈性褲襪，可預防與避免靜脈曲張持續惡化。

潘醫師讓妳問

Q 懷孕時水腫怎麼辦？

A 大約從懷孕第24週開始，有75%的孕婦會有水腫的情形，包括手指、腳踝、小腿、腳掌等身體部位，而以小腿和腳掌的情況最常見，且傍晚和晚間水腫的情形會更加重。

要消除水腫，可以多吃葡萄乾和香蕉，這兩種食物都富含鉀，人體內鉀含量如果不足，細胞就會積水，繼而引起水腫；鳳梨也很好，它含有鳳梨酵素，可幫助消水腫、抗發炎。另外，紅豆的鉀離子含量多，坊間有喝紅豆水能消水腫的說法，但如果水腫的情況很嚴重，食療通常不能有很明顯的效果。

其次，穿孕婦專用彈性褲襪也可避免血液積在腳部。

第三，白天時要多做腳步伸展運動，使腳部保持良好的血液循環。坐位時可以將腳趾頭往下壓，站位時可以踮踮腳尖，有機會就做這些動作，能幫助血液回流到心臟，幫助改善水腫的不適。

潘醫師讓妳問

Q 胎動減少怎麼辦？

A 孕婦大約是在妊娠第22週左右可以開始感覺到胎動，但其實在第6～8週時胎兒就會開始出現心跳，初次懷孕的產婦因為肚皮比較緊，往往到第22週才感覺到胎動，經產婦因為肚皮及子宮壁已經比較鬆軟，大約在第20週左右就可以感覺到胎動。

孕婦如果感覺胎動減少，可以先用手從左往右、或從右往左，緩緩地推三下，如果妳發現寶寶動了幾下，或是開始動了起來，這樣就可以放心了；但如果寶寶還是沒有動靜，就要到醫院照超音波，確定胎兒還有沒有心跳，心跳狀況良好就可以放心，坊間有些說法要孕媽咪數胎動，我認為這不符合醫學常理，事實上，孕媽咪也很難做到。

潘醫師給孕媽咪的提醒 Part 3

雙胞胎是如何產生的？

雙胞胎分為同卵雙胞胎和異卵雙胞胎。一般情況下，女性每個月排一次卵，每次裡面有一個卵子，不過有時候會排出多個卵子，且多個卵子均同時受精，這就會產生不同的受精卵。一般情況下，每個受精卵各有自己的一套胎盤，相互間沒有任何聯繫。

雙胞胎的形成與基因、孕婦年齡、飲食、用藥都有相關，一般是母系遺傳，如果孕婦自身是雙胞胎，那麼懷雙胞胎的機率有1.7%；如果孕婦的父母都是雙胞胎，懷雙胞胎的機率更高。根據醫學統計，雙胞胎的母親有4%是雙胞胎，但父親卻只有1.7%，也就是說，母系家族有雙胞胎基因，後代生雙胞胎的機率會更大一些。

●吃排卵藥會提高懷雙胞胎的機率嗎？

吃促排卵藥可使兩個卵巢同時排卵，但排卵多不一定就能增加懷雙胞胎的機率。女性一般都有兩個卵巢，一個卵巢排卵時，另一個卵巢處於關閉狀態，兩個卵巢同時都排卵的機會極少，且一個月通常只排一個卵子。自然受孕懷雙胞胎主要來自於遺傳，機率大約為1.5%。

●何謂同卵雙胞胎？

同卵雙胞胎是指一個卵子與一個精子結合而產生一個受精卵，胚胎在發育期間自然地一分為二，由一個細胞團分裂成兩個細胞團，然後各自發育成兩個獨立的胚胎。雙胞胎二者不但性別相同，且具有相同的遺傳特質。

同卵雙胞胎自然發生的機率為1/250，與種族、遺傳、母親的年齡、胎次及使用排卵藥物無關，同卵雙胞胎依早期受精卵發生分裂而形成兩個個體的時間不同，可有以下幾種不同的結果：

1.同卵雙胞胎含有雙羊膜、雙絨毛膜：原因是胚胎發生分裂形成兩個個體的時間非常早，在受精後72小時內就發生分裂，此時

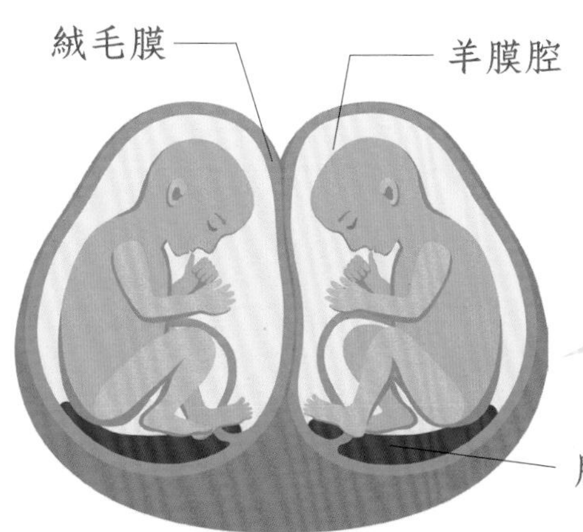

同卵雙胞胎：
有各自的胎盤
和羊膜腔

胚胎發育至桑椹期（Morula stage，因其外形與桑椹果實相似而得名），尚未到達囊胚期，囊胚的內層細胞團及囊胚的外層細胞都尚未形成，所有細胞的命運都還沒決定，因此由同一個胚胎發生分裂後所形成的兩個個體會各自發育出屬於自己的絨毛膜及羊膜，即各自擁有自己的羊膜腔。這種形式的同卵雙胞胎大約佔所有同卵雙胞胎的30%左右，可能擁有兩個各自獨立的胎盤或是共同擁有一個大的（兩個胎盤融合在一起）胎盤。

2.同卵雙胞胎含有雙羊膜、單一絨毛膜：原因是胚胎發生分裂形成兩個個體的時間在受精後4～8天之間，此時胚胎發育已經進入囊胚期，囊胚的內層細胞團已經形成，且囊胚的外層細胞已經進一步分化成絨毛膜，但是羊膜尚未形成，因此由同一個胚胎發生分裂後所形成的兩個個體會各自發育出屬於自己的羊膜及羊膜腔，但共同擁有一個絨毛膜。這種形式的同卵雙胞胎最常見，大約佔所有同卵雙胞胎的68%左右，會共同擁有一個大的（兩個胎盤融合在一起）胎盤。

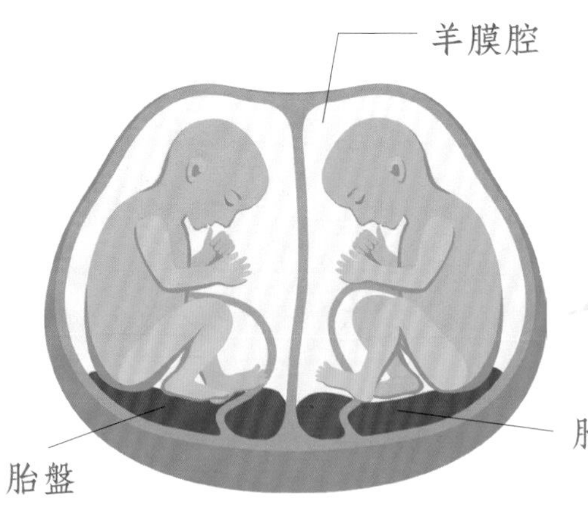

同卵雙胞胎
（第4~8天分裂）：
共用胎盤但有各自
的羊膜腔

3.同卵雙胞胎含有單一羊膜、單一絨毛膜：原因是胚胎發生分裂形成兩個個體的時間在受精後8～12天之間，此時胚胎的絨毛膜及羊膜都分化完成，由同一個胚胎發生分裂後所形成的兩個個體會共同擁有一個羊膜及一個絨毛膜。這種形式的同卵雙胞胎會共同使用一個羊膜腔，共同擁有一個胎盤，故比較容易發生胎兒的意外。雖然這種形式的同卵雙胞胎發生率不高，只佔所有同卵雙胞胎的1%～2%，但其週產期死亡率高達50%，主要發生在妊娠24週以前，常見的胎兒死亡原因為臍帶纏繞、臍帶打結及先天性異常等。

●何謂異卵雙胞胎？

異卵雙胞胎是指兩個卵子分別與兩個精子結合而產生兩個受精卵，兩個胚胎各自發育形成各自獨立的羊膜、絨毛膜及羊膜腔。異卵雙胞胎自然發生機率為1/125，與種族、遺傳、母親的年齡、胎次及使用排卵藥物有密切相關。近年來人工生殖科技蓬勃發展，造就了更多醫源性雙胞胎，而人工生殖科技造就的雙胞胎幾乎都是異卵雙胞胎。

潘醫師讓妳問

Q 懷雙胞胎是否一定要剖腹產？

A 不一定。但是大多數雙胞胎生產方式還是選擇剖腹產，主要是依胎位（頭位或是臀位）、懷孕週數、胎兒體重及有無合併產科併發症等因素來決定。先生出來的稱為A胎兒，另一個則稱為 B胎兒。

孕媽咪筆記

懷孕20~23週

Part 1. 待辦事項

Part 2.要問醫生的問題

Part 3.我的心情

懷孕24～27週

皺巴巴的小肉球

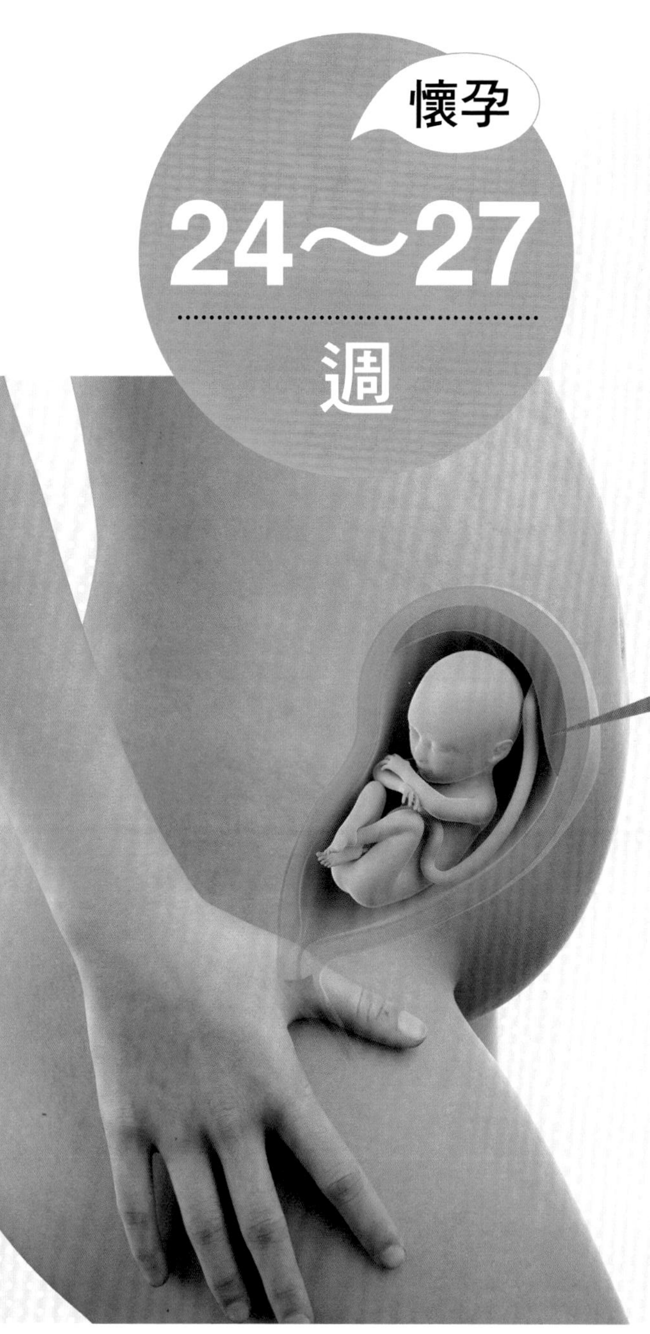

子宮大小 子宮底高度為21～24公分。

身體狀況 貧血的狀況趨於嚴重；容易出現便秘、痔瘡、頻尿等症狀；易產生靜脈瘤；仰躺著的時候，會覺得呼吸困難；由於子宮高出肚臍6～7公分，使得肚子凸出，所以身體呈向後彎的姿勢。

胎兒的樣子 身高約35公分，體重約800～1000公克；皮膚佈滿皺紋，但已轉成帶有血色的紅色樣皮膚；上下眼皮已能區分；全身漸漸長出一層柔軟的胎毛。

眼睛對光有反應，耳朵對傳進子宮的聲音也有反應；胎兒清醒的時候眼睛張開，睡覺時眼睛閉起來，這個階段所有胎兒的眼珠都是藍色的，這是因為寶寶出生後眼珠的顏色是由晶狀體前方的環狀虹膜所決定，但這時虹膜裡的色素細胞還沒有完全發展出來。

肺部這時已發展出足夠的肺泡，周邊的血管也可幫助胎兒進行氣體交換，胎兒若在此時產出，能有相當高的存活率

透過超音波照片來看看寶寶現在的樣子

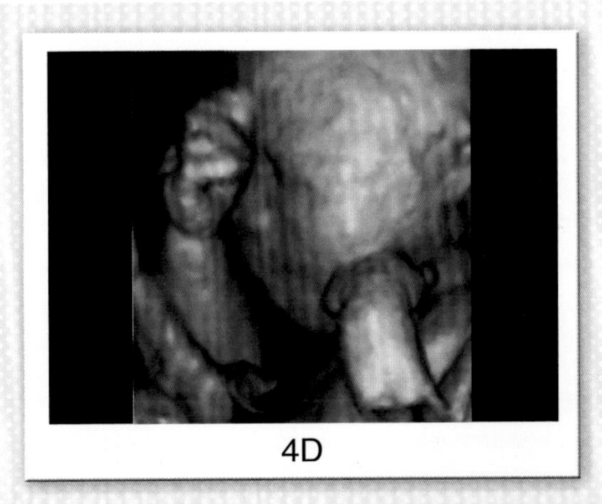

4D

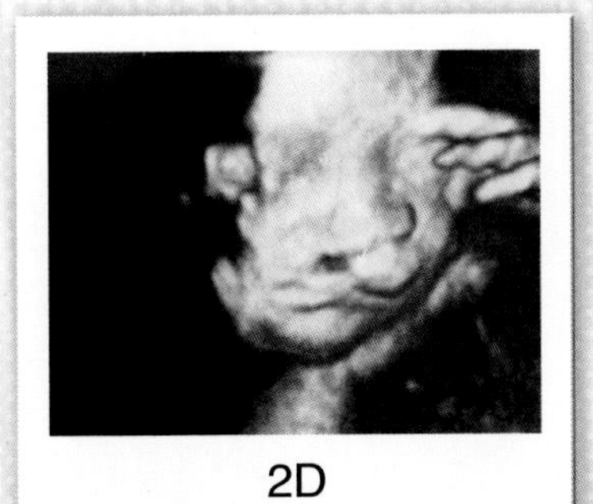

2D

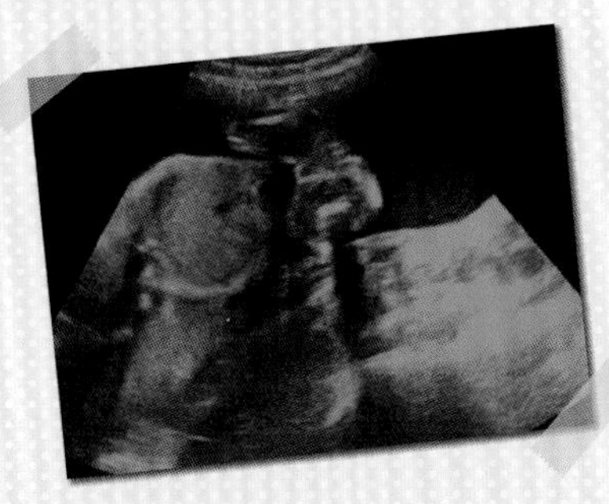

1.準備好生產用品及嬰兒用品，以防早產。

2.由於陰道分泌物增多，要勤於更換底褲，保持身體清潔。

3.每次的產前檢查都不能疏漏。

4.把懷孕期間的感受及身體狀況記錄下來，特別是感受到胎動的那一刻，這些點點滴滴日後都能成為珍貴的回憶，或是下次懷孕時的參考。

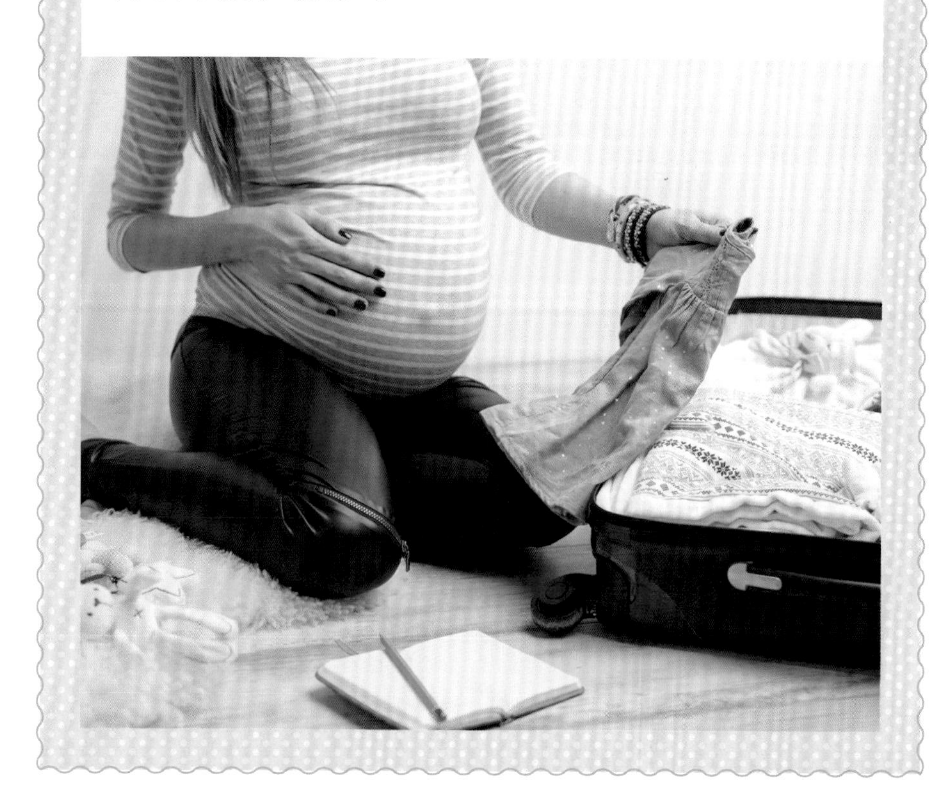

潘醫師給孕媽咪的提醒 Part 1

小心，妊娠糖尿恐造成巨嬰症

妊娠糖尿病是指懷孕前為非糖尿病患者，但懷孕之後卻出現程度不等的高血糖現象，罹患妊娠糖尿病可能導致孕婦羊水過多、難產、高血壓、出血、早產等現象，台灣地區有2.36%～3.8%的孕婦罹患此病。

由於懷孕期間胎盤會分泌荷爾蒙，這會使血糖升高，但大多數孕婦對此能自行調節，以維持正常的血液濃度，而有少數孕婦體內胰島素製造量不足，處於高血糖狀態，到懷孕後半期更加顯著，導致妊娠糖尿病發生。

一般患有妊娠糖尿病的孕婦會有吃多、喝多、尿多的症狀，甚至有些有妊娠糖尿病的孕婦因為血糖代謝有問題，在懷孕中後期出現應該在懷孕前期才有的嘔吐害喜現象；但喜歡吃甜食或水果的孕婦，並不會因此而罹患妊娠糖尿病。

妊娠糖尿病前期不會有明顯的症狀，孕婦若有吃多、喝多、尿多，且體重逐漸下降的情況，或是上完廁所沖水後還引來螞蟻，此時便需要到醫院做檢測，確認是否罹患妊娠糖尿病。

妊娠糖尿病通常在懷孕第20週之後發生，並在產後6週，葡萄糖耐受性的問題能得到改善或完全消失，但在孕期，母體的血糖值若是愈高，臍帶相連的胎兒也會相對處於高血糖狀態，且胎兒會分泌

更多的胰島素來消耗由母體輸送過來的高血糖，也因為血糖過高的關係，胎兒的體重會偏高，器官組織也會相對較大，使得每個器官所消耗的能量更多，因此而造成巨嬰症、胎死腹中、新生兒死亡，或先天異常等狀況。

●妊娠糖尿病的檢測方式

妊娠糖尿病是因為懷孕所造成的，通常會在孕期第24週以後，產檢時做口服葡萄糖耐量測試（OGTT），可驗出是否有妊娠糖尿病的情況。

一般的檢測方式為50公克耐糖試驗，也就是在喝完50公克糖水1個小時後，若血糖值高於每百毫升140毫克，則孕婦必須進一步做100公克耐糖試驗及抽四段血，以做為診斷上的比對。

若採服用葡萄糖包的方式，必須在篩檢前空腹1個小時，將50公克葡萄糖粉泡200cc溫開水，並於5分鐘內喝完，喝完糖水後需完全禁食，包括飲水，並記錄喝完的時間，以便醫師診斷。

●從飲食來改善與控制妊娠糖尿病

妊娠糖尿病是妊娠高危病症之一，若確診為妊娠糖尿病，需透過飲食調理來改善血糖值，經過飲食調理仍無法改善高血糖值的狀況，則需透過注射胰島素來控制血糖，最好避免使用藥物，以免影響胎兒健康。

在飲食方面，應該在不影響胎兒健康生長的情況下控制熱量攝取，並且降低澱粉類與甜食的攝取；且在身體狀況允許的情況下，做適當運動以控制血糖。一般妊娠糖尿病的患者，在經過飲食控制與適量運動後，血糖值大多能達到理想的範圍，也就是：空腹血糖值為80～105mg/dl，飯後2小時血糖值為100～120mg/dl。

在營養攝取方面，妊娠糖尿病患者和一般孕婦一樣，熱量、蛋白質、鈣質、鐵質、葉酸、維生素B群等都不可少，但飲食方式建議採少量多餐，並注意質與量的分配。水果攝取可不限種類，但記得要限量，且盡量食用新鮮水果，不要選擇飲用果汁，因為一杯純果汁可能就有3～4顆水果的分量。此外，也建議多攝取含纖維素較多的蔬菜水果，主食類可以糙米、胚芽米、燕麥片等來取代白米飯。

以下為妊娠糖尿病患者飲食及生活應注意事項：

1.少量多餐。
2.控制體重。
3.減少澱粉類食物的攝取。
4.以新鮮水果取代飲用果汁。
5.適當運動有助降低血糖。

幸福好孕照，自信滿滿，快樂滿滿！

誰說孕婦不能美美的？有孕媽咪在懷孕約24週孕肚明顯凸出的時候，和老公相偕去照相館拍攝裸露肚子的美照，衣著飾物都經過精心挑選，個個都好美，有獨照、有親子合照，還有先生也參加的全家福！

愛麗生婦產科在2017年11月舉行一場名為「幸福好孕照」的活動，參加者相當踴躍，初選挑出41張精彩的照片，公布在網上讓民眾公開投票，最後選出前三名。從這些照片中，可以看出每個參加活動的孕媽咪都自信滿滿，幸福滿滿，不管最後有沒有得到好名次，相信都留下了美好的回憶！

潘醫師讓妳問

Q 懷孕期間可以泡溫泉嗎？

A 我常常接到要去日本旅遊的孕媽咪們問到這個問題，去日本旅遊，不泡溫泉總會感到一絲遺憾吧！我都告訴她們，「泡溫泉可以，但是不要去大眾池，可以在房內的浴缸泡，因為浴缸可以自己加入冷水，將溫泉水調和成溫水，這樣的話就可隨心所欲享受泡湯的樂趣。避免去大眾池是因為這裡的水太熱，水若太熱，懷孕後期容易造成羊水破水導致早產，懷孕早期則易導致胎兒畸形。

至於泡多久的問題，即使沒有懷孕，泡大眾池也不能忍受超過10分鐘；至於溫泉水的礦物質成份為何倒是不成問題。所以我都建議她們，到日本玩就放心好好享受泡湯的樂趣吧！

潘醫師給孕媽咪的提醒 Part 2

當胎兒與子宮肌瘤共舞

子宮肌瘤依生長的位置分為三種：漿膜下（最外層）、肌肉內層、黏膜下（子宮腔），不同的位置會造成不同的症狀，如經血過多、異常出血、經痛，有些甚至會造成頻尿、便秘或裡急後重（即腹痛窘迫，時時欲便，但又解不出大便）的感覺；大多數肌瘤在孕期 5 個月之後不會再長大，但也不會變小。

懷孕時期因為荷爾蒙分泌急遽上升，往往會使原本的子宮肌瘤變大，尤其在懷孕的前半期；但也有一部分的肌瘤在懷孕期間並無明顯變化，甚至有些較大的肌瘤在懷孕後期有變小的情形。

若懷孕時合併肌瘤，有可能出現以下的情況：

1.如果肌瘤長在接近胚胎著床處，容易造成局部血液供應不足，進而導致流產。

2.如果因子宮肌瘤導致子宮體形狀異常，會增加胎位不正的機率。

3.如果肌瘤生長的位置在子宮體下端或子宮頸，自然生產時會影響胎兒娩出的通道，可能需要施行剖腹產。

4.如果肌瘤生長的速度太快，造成血液供應不足，使得肌瘤細胞梗塞壞死而造成腹部劇痛，這種情況容易造成子宮收縮，有可能導致早產。

5.如果肌瘤生長的位置是在胎盤後方或貼近胎盤，有可能造成胎盤缺血及蛻膜壞死，而誘發胎盤剝離，結果將導致胎兒窘迫，甚至死亡。

潘醫師讓妳問

Q 懷孕時發現子宮肌瘤需不需要做剖腹產？可以在剖腹產時一起切除肌瘤嗎？

A 這要透過超音波觀察肌瘤的位置，如果肌瘤大於5公分，又長在子宮下段，會阻礙寶寶下降娩出的話，就必須考慮施行剖腹產；若肌瘤位於子宮體上方，則通常不必。另外，剖腹生產會增加出血及感染的機會，所以不建議在剖腹產時同時切除肌瘤，建議在產後4個月之後再進行。

多數子宮肌瘤不會對胎兒造成影響

大部分子宮肌瘤並不會影響孕程，若有造成孕婦本身不適，醫師多會採取保守的治療方式，包括休息、姿勢調整及給予藥物等。

若在孕期發現子宮長肌瘤，其實無需過度緊張，只要持續追蹤；至於子宮肌瘤宜等到寶寶出生4～6週後再做超音波檢查，觀察肌瘤是否有變大或有不適症狀，若需切除，也建議在生產後4個月之後再進行。

子宮肌瘤在婦女懷孕初期的發生率約為十分之一，其實機率不算低，但為什麼很多人直到產檢時才發現？這是因為多數婦女未懷孕時，除非有嚴重不適才會去看婦產科，不然很少人有機會照超音波，而現在產前檢查照超音波很普遍，頻率也增加很多，所以子宮肌瘤容易在此時被發現。孕媽咪若能定期到婦產科做超音波檢查，子宮肌瘤就可及早發現及早治療。

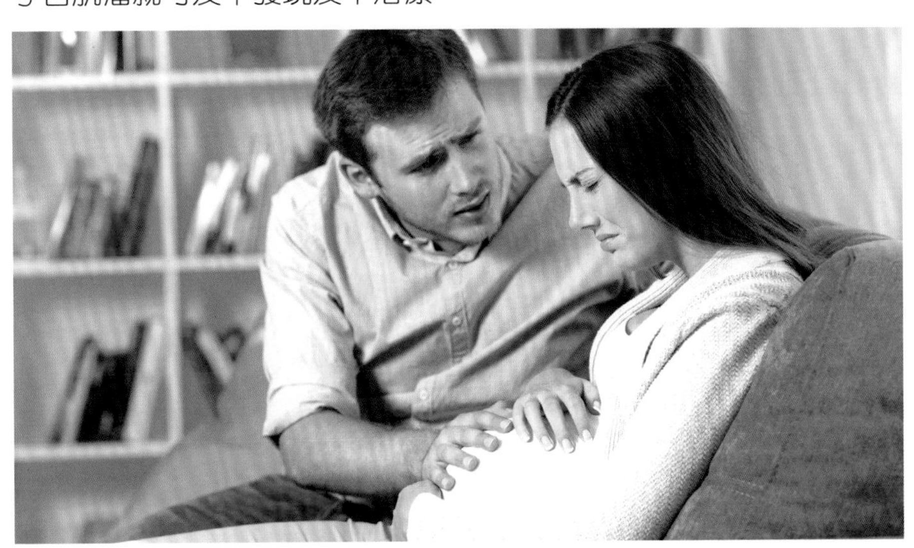

懷孕後期 常見出現痔瘡與便秘

懷孕中後期，孕肚愈來愈大，住行坐臥都給孕媽咪帶來許多不便，也因為子宮體不斷膨大，必然會壓迫到盆腔內的其他臟器，於是痔瘡及便秘的情況在很多孕媽咪身上發生了！

●痔瘡

這是懷孕7個月以後常出現的症狀，以下為主要原因：

1.黃體素分泌增加：在懷孕過程中，孕媽咪的荷爾蒙改變，黃體素分泌增加，以幫助穩定子宮內膜，而黃體素會使得靜脈血管壁放鬆，致使血液循環不良，容易形成痔瘡。

內痔
外痔

2.腹壓增加：隨著懷孕週數增加，胎兒越來越大，骨盆腔及子宮變大，因而造成腹壓增加，使血液循環變差，於是引起痔瘡，尤其懷孕後期更容易有痔瘡。

3.久坐不動：如果孕媽咪總是維持久坐等固定姿勢不動，會使得身體局部血液循環不良，造成靜脈曲張，就很容易引起痔瘡問題出現。

●便秘

排便困難是很痛苦的經驗，但是十之八九的孕婦都會便秘！

便秘的定義有兩種：1.超過3天不排便；2.大便很硬，排便很痛苦。

女性懷孕時黃體素的分泌會迅速增加，黃體素會使大腸鬆軟無力，蠕動減緩，大便於是滯留在腸管時間過久，使得水份被身體回收，使大便變成乾硬，這時要解便就需要用更大的力氣，偏偏此刻遇上大腸軟弱，更不好排出，就這樣形成惡性循環，導致便秘情況發生。

有些孕媽咪在懷孕前就有便秘的情形，這些孕媽咪說，未懷孕時吃益生菌來排除便秘有不錯的效果，但懷孕後就失效了；也有孕媽咪每天用甘油球灌腸來對付便秘，實在很辛苦！

孕媽咪要擺脫便秘，我建議可以食用優格、芝麻、根莖類食物，如地瓜、南瓜、馬鈴薯、芋頭等，台灣盛產的水果，如香蕉、木瓜、蕃茄、甘蔗、柳橙等，對排解便秘也很有效。

如果食療仍無法有效改善，就得請醫師開處方了，目前上市的藥品在促進腸蠕動及使大便濕軟的藥對治療便秘相當有效，且孕婦可以長期使用，安全無虞。提醒有便秘情況的孕媽咪們，千萬不要自己到處找成藥，避免使自己及寶寶暴露在未知的風險中。

潘醫師讓妳問

Q 有人說芒果有毒？懷孕可以吃芒果嗎？

A 在中醫古籍中，並未提及芒果有毒。現代中醫則認為芒果性平味甘，有生津止渴，健益脾胃的功效，所謂的「毒」，現在醫學認為與「誘發過敏」有關。平常吃芒果會長蕁麻疹的人就不要吃，無過敏體質的人吃芒果對胎兒不會有不良影響，可放心吃，但記得要適量。

潘醫師讓妳問

Q 懷孕時抽筋怎麼辦？

A 抽筋是肌纖維缺鈣的結果，而鈣質是肌纖維每次收縮必要的元素，孕婦若缺鈣不只容易導致抽筋，嚴重的話還會斷牙、蛀牙，且胎兒的骨骼從「無」長成到10個月時強健的狀態，養分都要依靠母體來補給，所以母體所需的鈣質絕不是平時補充的量可以應付。

以下列出懷孕週數母體每天所需的鈣量，孕媽咪們一定要補充足夠的鈣質，才能免除抽筋的困擾，而且能生出健康強壯的寶寶。

懷孕週數	所需鈣量（500毫克/顆）
16週以下	500毫克
16～24週	1000毫克
24～28週	1500毫克
28～36週	2000毫克
36週以上	2500毫克

以上劑量根據孕婦懷孕週數調整過，所需劑量也根據胎兒的骨骼成長狀況有所增加，所以高於原來藥盒所標示，孕婦若按照藥盒上的標示劑量吃，因為劑量不足，所以還是會抽筋。

另外要提醒，有孕媽咪疑惑鈣質補充過多會不會造成結石或胎盤鈣化？其實這是多慮的，這兩者和服用鈣是沒有相關的，純屬無稽！

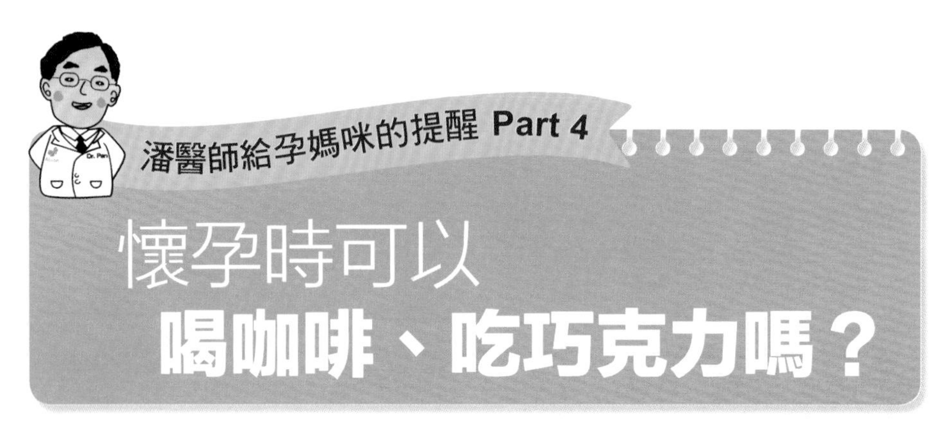

懷孕時可以喝咖啡、吃巧克力嗎？

常有一些關於懷孕禁忌的資訊，建議孕婦要避免攝取咖啡因，否則恐有流產的風險。巧克力和咖啡的確含有咖啡因，但攝取適量的咖啡因在懷孕期間是被允許的。

那「適量」的定義是多少呢？根據美國懷孕協會的界定為每日150～300毫克，但該協會聲明，孕婦在懷孕初期應該避免攝取咖啡因，以免流產；而根據丹麥另一項研究的建議，在懷孕最後3個月攝取適量的咖啡因，比較不容易導致早產、流產或嬰兒體重過輕。

●巧克力讓孕婦有正面情緒，並能降低流產風險

芬蘭赫爾辛基大學研究發現，懷孕期間吃巧克力對嬰兒有益，該研究針對嬰兒笑聲及對未知情境的恐懼進行研究，結果發現懷孕期間吃巧克力的孕婦，所生出來的嬰兒比較喜歡笑，且當他們被放在一個新環境時，也較少表現出恐懼的情緒，而這表示懷孕期間吃巧克力比沒吃巧克力的孕媽咪有更積極正面的情緒。

美國耶魯大學2008年的研究則指出，巧克力能放鬆肌肉、擴張血管，並幫助預防會造成嬰兒死亡發病、死胎的子癲前症（pre-eclampsia）。

對巧克力中咖啡因的含量限制可比照咖啡，至於有傳言說孕婦吃了巧克力，寶寶出生後膚色會比較黑，這完全是無稽之談。皮膚的顏色深淺是遺傳自基因，和所吃的食物顏色無關，就好像孕媽咪多吃芒果寶寶的皮膚不會變黃，多喝牛奶寶寶的皮膚也不會比較白。

●讓咖啡開啟一天的好心情

咖啡因是一種刺激成分，在咖啡、茶、巧克力，甚至是某些藥品中都有，懷孕期間人體對咖啡因的敏感度會提升，但適量攝取是沒有問題的。

美國婦產科醫學會公佈孕婦每天攝取200毫克的咖啡因是被容許的，加拿大婦產科醫學會的容許值則為300毫克，以星巴克咖啡為例，一天一個馬克杯的量是可以的，所以不必太過擔心。

台灣的咖啡文化已經相當成熟，如果習慣每天上班時喝一杯咖啡的人，一天喝兩杯中杯星巴克黑咖啡是無妨的，懷孕後仍然可以放心享用，讓一杯咖啡開啟一天的好心情，大可不必戒掉；茶和巧克力的份量也可以比照食用。

食品／藥品	咖啡因含量
咖啡（約145cc）	60～140毫克
茶（約145cc）	30～65毫克
巧克力飲料（約225cc）	5毫克
巧克力棒（約45克）	10～30毫克
無糖巧克力（約30克）	25毫克
止痛藥（一般劑量）	40毫克
過敏藥/感冒藥（一般劑量）	25毫克

孕媽咪筆記

懷孕24~27週

Part 1. 待辦事項

Part 2. 要問醫生的問題

Part 3. 我的心情

後期

CH 8

懷孕28～31週

伸伸手腳練功夫

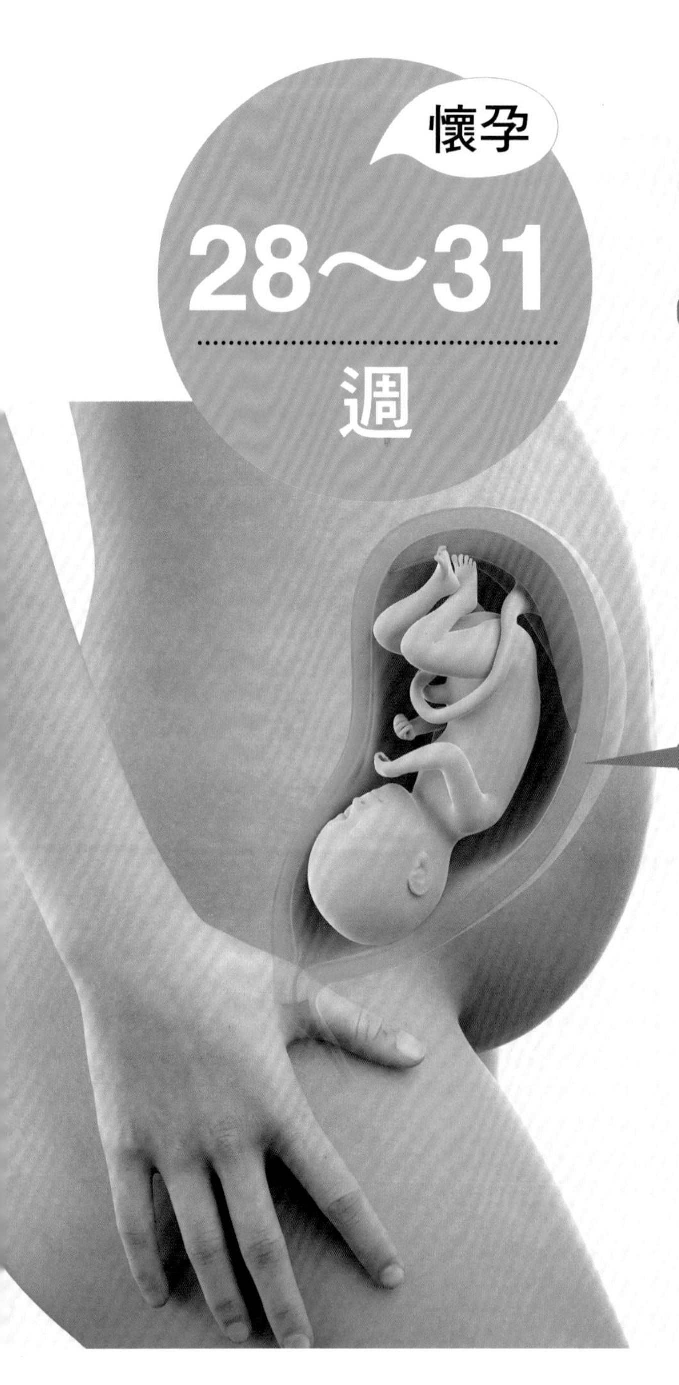

子宮大小 子宮底高度為25～28公分。

身體狀況 由於子宮收縮，肚子有時會變硬，或是容易情緒緊張；出現妊娠紋；胎動感覺愈來愈強烈。也因為子宮底高度已高到接近心窩處，所以胃、心臟、肺臟等器官都會受到壓迫，容易感覺疲勞或心悸。

胎兒的樣子 身高約38～41公分，體重約1300～1700公克；骨骼發育大致已完成；肌肉和神經的活動變得活潑；聽覺發育完成；此時亦為判定胎位正與不正的時刻，95%的胎兒在28週時頭部會自動轉為下位，然後胎頭一直保持向下，直到生產，換句話說，孕期的後3個月，胎兒一直是頭朝下、臀朝上，是倒立著的。

此時，由於皮下脂肪的累積，皮膚開始變得平滑，看起來也比較白；肺部和胃腸的發育接近成熟，能分泌消化液及有呼吸的能力，胎兒喝進去的羊水，能經膀胱、尿道排泄，又流入到羊水中。

透過超音波照片來看看寶寶現在的樣子

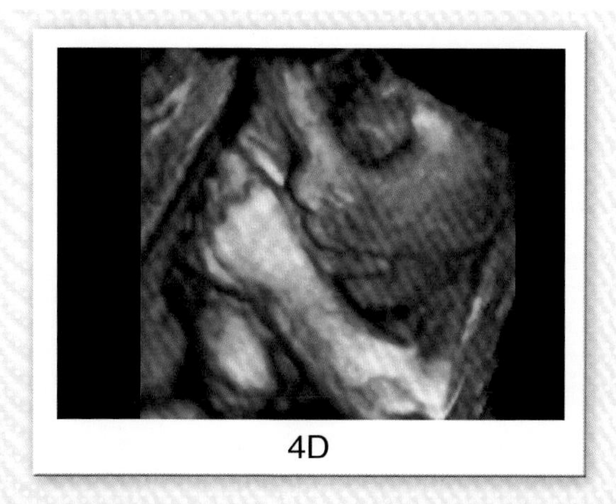

4D

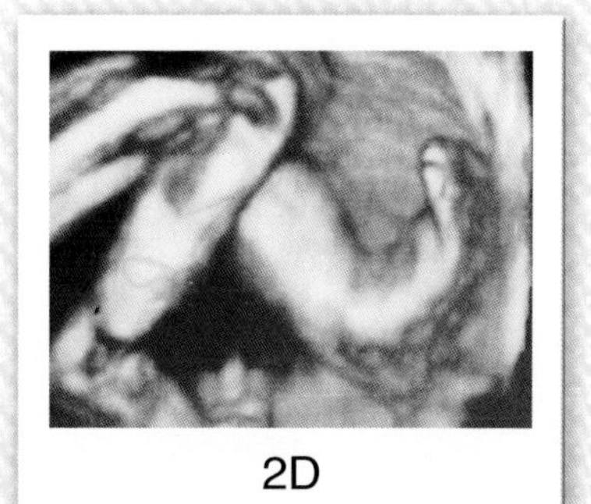

2D

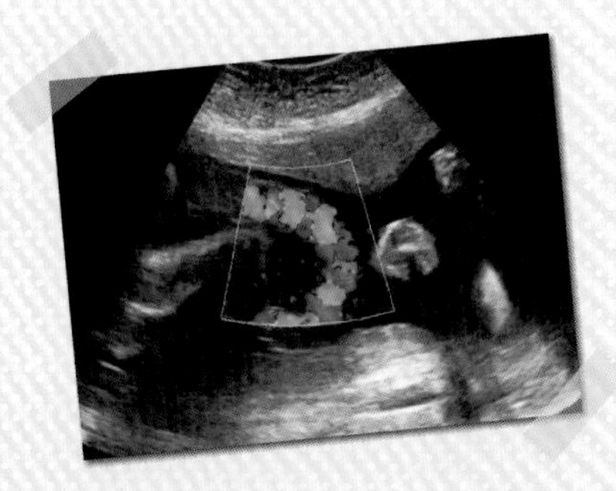

1.每兩週做一次產前定期檢查。

2.肚子變硬時要躺下來休息，觀察一下情形；如果情況不見改善，甚至愈來愈強烈時，應即時與醫師聯繫。

3.如果破水的話，應立刻前往醫院。

4.身體浮腫或是體重急速增加、尿量減少、暈眩等，都是危險信號，要立刻就醫。

5.懷孕30週以後可以開始做會陰按摩，其目的是增加會陰肌肉韌性與張力，根據研究，臨產前每天做會陰按摩可降低生產時會陰撕裂傷9%的發生率、降低採用會陰切開術15%的機率，產後疼痛感則可降低32%。

妳的胎教音樂管用嗎？

28週大的胎兒已經有聽覺了，這時很多孕媽咪會費心為寶寶購買胎教音樂，以為寶寶聽得到，其實寶寶是聽不到的。雖然懷孕8個月時胎兒已有聽覺，但是仍聽不到外界的聲音，因為媽媽的肚皮和子宮是柔軟的肌肉，有吸音的作用，再加上媽媽的心跳聲音、腹部主動脈的血流聲，都會持續在羊水腔內發出大量噪音，使得外界的聲音在傳到寶寶耳朵前便已經被環境吸收，所以胎兒無法聽到，當然也就聽不到妳為他/她播放的胎教音樂了。

但是旋律柔和優美的胎教音樂會使孕媽咪的心情愉悅，讓大腦皮質產生快樂的化學物質，再經由血液流經胎盤傳到胎兒的大腦，胎兒的大腦皮質也會同步感受到快樂的情緒，有利塑造寶寶的正向性格，所以，多聽胎教音樂對寶寶還是有好處的！

潘醫師給孕媽咪的提醒 Part 1

保養做對了，不怕妊娠紋

妊娠紋形成的原因是孕婦腹部的皮膚被子宮緩緩的持續撐大，終至超出了表皮層的彈性限度，皮膚纖維開始皸裂而產生的紋路！

●預防妊娠紋5要點

孕期時由於受到荷爾蒙及身材改變的影響，肌膚問題特別多，

除了要預防妊娠紋發生，還有肌膚粗糙、乾癢的困擾，所以懷孕時冬天洗澡的水溫不要太高，以免肌膚更加乾燥，同時要注意以下幾件事，就可減少妊娠紋發生：

1.避免體重快速增加：體重如果增加太快，肌膚會被快速撐大，當膠原蛋白纖維斷裂，就會出現妊娠紋，因此，孕媽咪們要注意體重增加的速度，整個孕期建議總重維持在11～13公斤。

2.使用除紋霜勤保養：藉由除紋霜的滋潤及修復功效，可修復細紋及增加肌膚彈性。另外，每天早晚及沐浴之後，可針對腹部及身體其他易撐大的部位細心塗抹除紋霜，若妳不想長出妊娠紋，千萬不要偷懶，勤保養是不二法門。

3.不可用指甲用力抓癢：抓癢常常是不能止癢，而且會愈抓愈癢，也會使得肌膚表層受到傷害，讓肌膚更脆弱。所以，孕期時當妳感覺肌膚乾癢就趕快塗抹除紋霜，除可舒緩不適，還能加強肌膚的保護力。

4.穿著合適的衣服：穿著吸汗、透氣的衣服，可減少衣物對肌膚的摩擦及刺激；此外，到懷孕中期以後可使用托腹帶，幫助支撐並減少腹部肌膚受到拉扯。

5.在妊娠紋還沒出現前就要開始保養：除了腹部，胸部、大腿、臀部也可能出現妊娠紋，要一併列入保養範圍，塗抹除紋霜時若搭配輕柔的按摩效果會更好；如果怕塗抹時無聊，可趁機和寶寶說說話。

●選擇弱酸性護膚產品

孕婦在選購除紋霜產品時，可留意其成分是否含有酪梨油、乳木果油等優質的護膚、除紋成分，因為健康肌膚的pH值為5.5左右，所以，除紋霜也建議選擇pH5.5的弱酸性產品，可幫助肌膚維持在穩定狀態。

除紋霜每天都要使用，而且是直接塗抹在肌膚上，所以要特別注意其安全性，最好挑選知名品牌、成分安全，且必須不含酒精、不含A酸、不含parabens（一種常用在化妝品及藥品中的防腐劑）等成分的產品，以免影響胎兒健康。

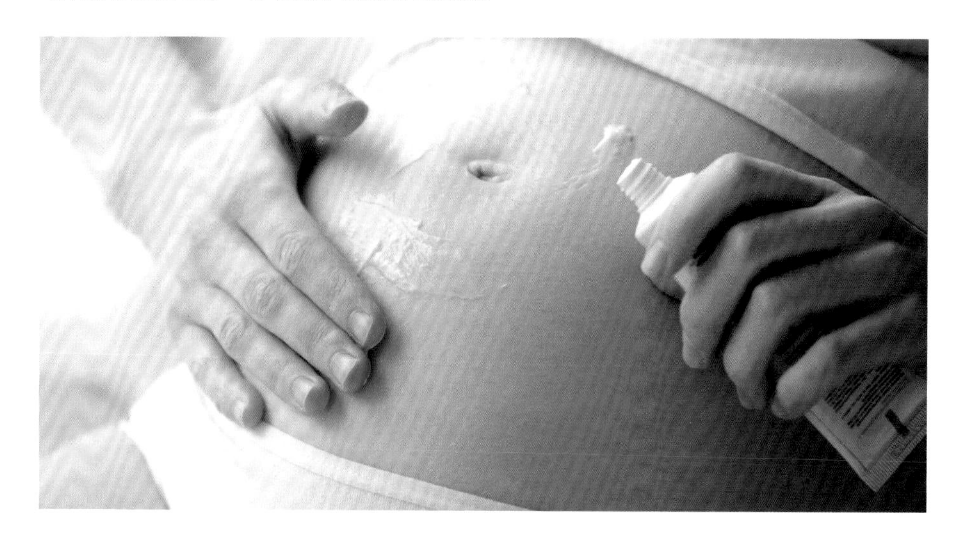

●「潘氏手法」幫妳消除妊娠紋

下面介紹的按摩方法是我和皮膚科醫師研究並發明，是一種有學理根據的按摩法，它可增加皮膚的延展性，抵抗表皮被撐裂，預防出現妊娠紋！

動作說明：

❶ 用大拇指與其他四指對捏肚皮，一吋一吋捏，整個肚皮都要捏到。

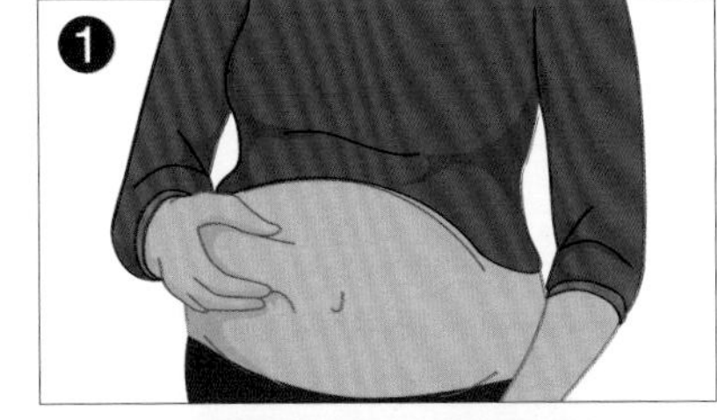

❷ 用兩根手指併攏按摩肚皮，輕輕做圓形迴轉，逐次移動，按遍整個腹部。

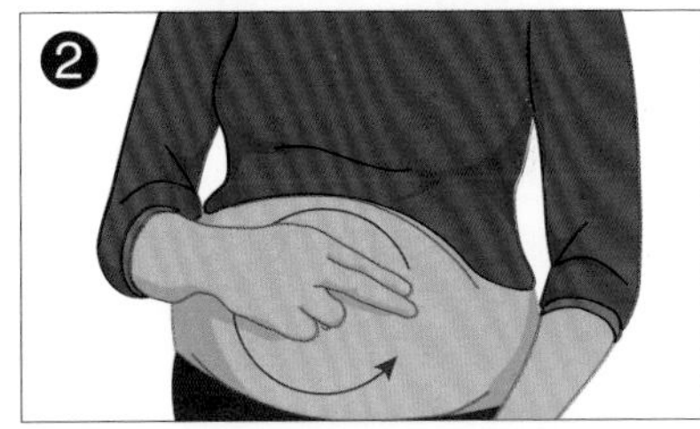

❸ 使用熱敷袋，每天溫敷一個部位，溫敷可增加肚皮的彈性及延展性；溫敷的部位記得要每日輪換，肚皮的每個部位都要照顧到。

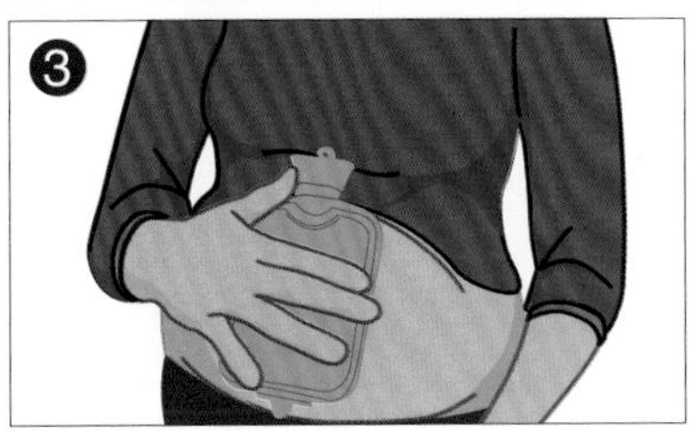

這三種方法自孕期第16週以後開始做，經過我教導數百名孕婦做，都獲得很好的效果。由於此法出自我的創意，如果有人要將之名為「潘氏手法」（Pan's maneuver），亦無不可。

潘醫師讓妳問

Q 懷孕28週，腰背酸痛很痛苦，可以吃藥治療嗎？會不會有安全疑慮？

A 請放心，有藥物可以治療，並且是安全的。妳可以請醫師給妳使用屬於A、B、C級的止痛藥或是肌肉鬆弛劑。

自懷孕第12週起，子宮已經大如蘋果，重壓在尾椎，孕媽咪會開始出現尾椎疼痛的情形，接下來子宮會愈來愈大，變成像柚子、小西瓜、大西瓜一般大。而隨著子宮逐漸長大長高，原來在尾椎的酸痛也會跟隨著腰椎一節一節往上升，尤其是懷第二胎、第三胎，子宮常常會壓迫到坐骨神經，使孕婦疼痛得寸步難行，影響日常生活，這種情形非治療不可，我勸孕媽咪們要拋棄孕期不吃藥的成見，向醫師求治，擺脱孕期不適，才能專心待產。

潘醫師讓妳問

Q 我懷孕28週，醫師說腹中寶貝臍帶繞脖子一圈，怎麼辦？

A 如果醫師這麼說，請醫師特別為妳做一次為時30分鐘的「胎兒監視器」觀察，看胎兒的心跳、胎動、宮縮情況。如果正常，回家注意胎動，如果胎動良好，一個禮拜回診一次，照超音波觀察，看胎兒臍帶有沒有因身體翻轉而鬆開。應該注意胎動，但不必過於緊張。

胎兒臍帶繞頸其實只要不會因勒緊而造成血流不通，通常是沒有危險的，所以在婦產科剖腹產的適應症並沒有將它列入，健保的剖腹產條件也沒有將其列為給付條件，但也不能說臍帶繞頸就不去注意，如果胎兒的心跳因為臍帶繞頸壓迫而在胎心音監視器上顯示下降變化，就必須考慮立即手術生產。

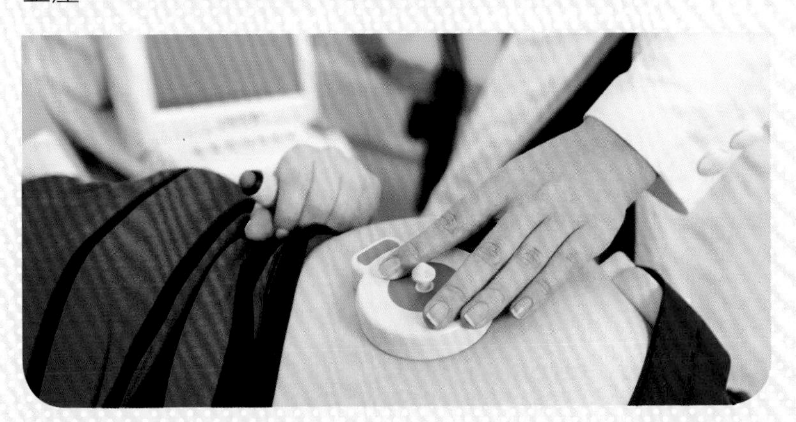

潘醫師讓妳問

Q 做羊水檢查時醫生說胎兒染色體正常，後來再做高層次超音波檢查為什麼會發現胎兒有兔唇？

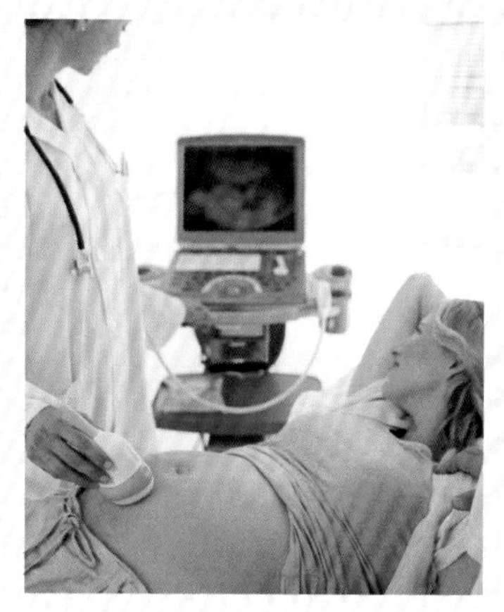

A 抽羊水檢查看不出來兔唇，這是因為：染色體有如一個塊狀花藥，基因是粘附在上面的花粉；再打一個比方：染色體就像書櫃，基因是堆置在書櫃中的各類書籍。人類的基因有3萬多個，分配在23對、46個染色體上，基因管人的各種性狀，比如身高、膚色、容貌、智力等，這些性狀組成一個獨一無二與眾不同的「人」。

染色體會出現異常，必然是基因缺了一大段，這一段可能包含了千百個基因一起不見了，所以染色體一旦檢查出有缺陷，一定是發生了重大畸形！

最常見的染色體異常是第13、18、21這三對，而兔唇、顎裂可能只是某幾個小基因出了問題；像是花藥上少了些花粉，在染色體的圖形上是看不出來的。

高層次超音波檢查可篩查出約80%的胎兒先天性構造異常，它是以傳統超音波做基礎，但可看到較清楚及較多細節的胎兒影像，所以可為胎兒進行更詳細精密的檢查。

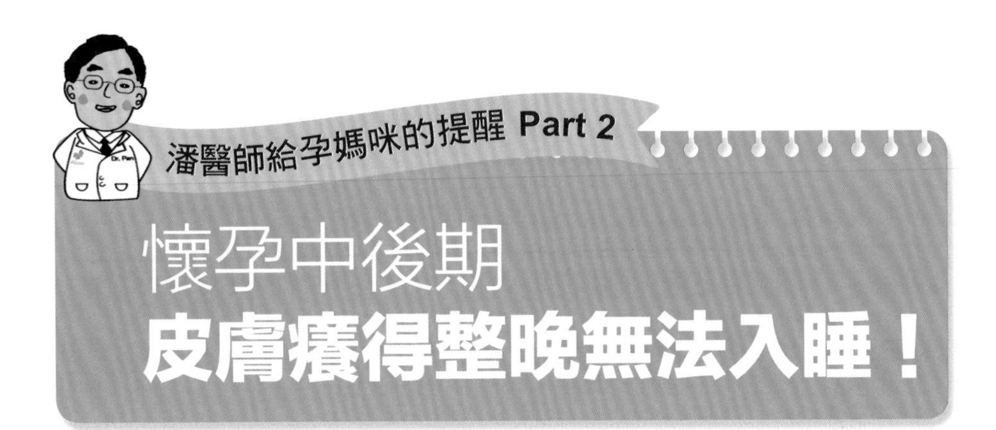

懷孕中後期
皮膚癢得整晚無法入睡！

夜間時皮膚發癢的現象好發於孕程的第二、三期，主要發生在手、腳、小腿、大腿、肚子，全身到處都可能出現一顆顆丘疹，沒有水疱，且愈抓愈多，愈搔愈癢！如果出現幾個小時就消失的叫蕁麻疹，兩、三天才消失的叫濕疹，這些丘疹不會影響到母體和胎兒的健康，也不會留下疤痕，所以不需要過度擔心。

若為蕁麻疹，可服用孕婦能使用的口服抗組織胺，皮膚出疹處可以擦抗組織胺或涼藥水止癢；濕疹則可以擦一點無害胎兒的類固醇及抗組織胺來止癢。

我還要提供一個絕招，就是從冰箱取出冰塊冰敷在癢處，可立即止癢，且這種做法效果有如連鎖店，一經使用，全身各處皆立即止癢。

如果妳是乾燥皮膚，用手抓就會出現疹子，奇癢無比，且疹子愈抓愈多，那要提醒妳洗澡水不宜太熱，洗澡後全身要遍擦潤膚保濕乳液，如此就能減少乾癢的情況發生，幫助妳夜夜好眠！

潘醫師讓妳問

Q 什麼是「胎盤早期剝離」？

A 胎盤原本應該在生產後才與子宮剝離而娩出，而胎盤早期剝離卻是在胎兒未出生前即已從子宮剝離。由於胎盤是胎兒在子宮內維繫生命的根源，故發生早期剝離是很危急的情況，對母體及胎兒的生命都會造成威脅。

胎盤剝離通常會使子宮出血，有些出血的情況發生在胎盤中心，而不在邊緣，所以胎盤會有隱匿的血塊，患者通常會抱怨有劇烈的腹痛，但這種痛和子宮收縮的痛感不同，用手按壓即會有感覺；若經超音波確認為胎盤早期剝離，必須立刻進行手術，一旦引起胎兒窘迫，很容易致使胎兒死亡。

有些胎盤剝離的情形不易察覺，患者直到待產時才發現，這是很危險的事，**所以孕期若出現異常出血、用手觸壓腹部會疼痛，就很可能是胎盤早期剝離**，一定要馬上就醫，切勿抱著拖延、觀察的心態，以免造成無法挽回的憾事。

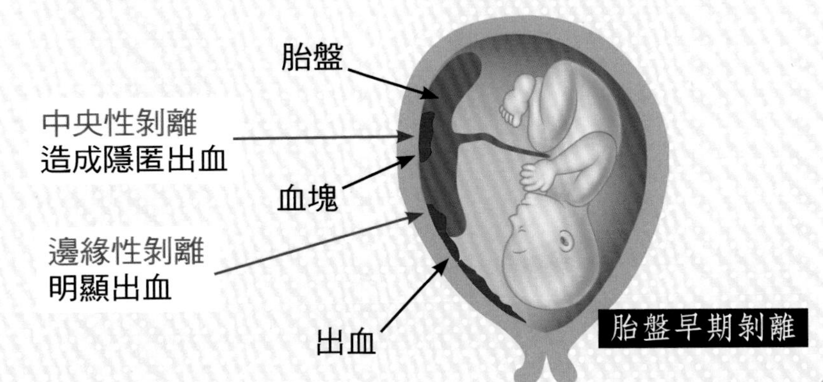

潘醫師讓妳問

Q 為什麼懷孕做羊水檢測的年齡要訂為34歲？

A 根據統計，孕婦年齡從25～33歲產生畸形兒的機率跟隨年齡為緩步上升，但是到了34歲卻呈現急速上升，表示此年齡懷孕產生畸形兒的危險性大幅升高，因此醫界將孕婦羊水檢測的年齡訂為34歲。

潘醫師讓妳問

Q 什麼是「羊水過少症」？

A 羊水是由孕婦子宮裡胎盤組織滲透液及胎兒的尿液所形成，通常在500cc～1500cc之間，超過這個數值稱為羊水過多，少於400cc稱為羊水過少。

若為羊水過少，通常孕婦的肚子看起來比實際妊娠週數還小，這有可能導致胎兒發育不全，而不管有無合併胎兒異常，羊水過少對胎兒都是危險的。

羊水過多或過少要怎麼認定呢？醫師會透過超音波測量子宮四個角落的羊水深度，加總起來稱為「羊水指數」（Amniotic Fluid Index，AFI）：

羊水指數＜8，是羊水過少；

羊水指數＞25，是羊水過多。

羊水過多或過少並不表示胎兒一定有問題，孕媽咪要和醫師配合，依照醫師的指示，定期做詳細的超音波檢查即可。

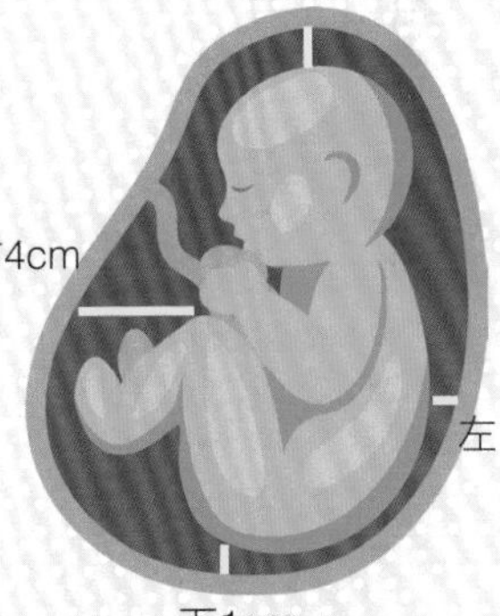

至於有孕媽咪問：「羊水太少的話多喝水會不會讓羊水變多？」答案是：不會的！喝水多少與羊水量沒有關係。羊水初期由胎盤及胎膜分泌出來，後來加上寶寶呼吸道及消化道之分泌，及由胎兒的腎臟製造出來的尿液所組合而成，與媽媽喝水多或少沒有相關。

上3cm
右4cm
左1cm
下1cm

此為羊水指數9cm（4+3+1+1）

子宮頸長度較短容易早產是真的！

經超音波測量，子宮頸長度若比較短，會比較容易早產！

醫學證實，子宮頸長度2.5公分為臨界值，若子宮頸長度小於2.5公分，「胎兒纖維粘膜蛋白」又為陽性，那麼早產的機率會大於六成。

不同懷孕週數的子宮頸長度理想值為：

第11～13週大於4公分；

第20～24週大於2.5公分。

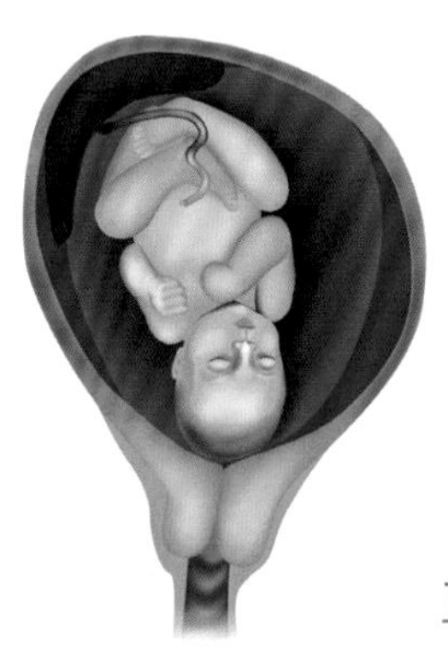

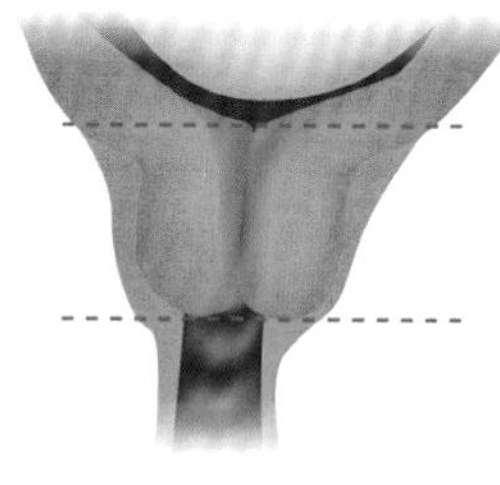

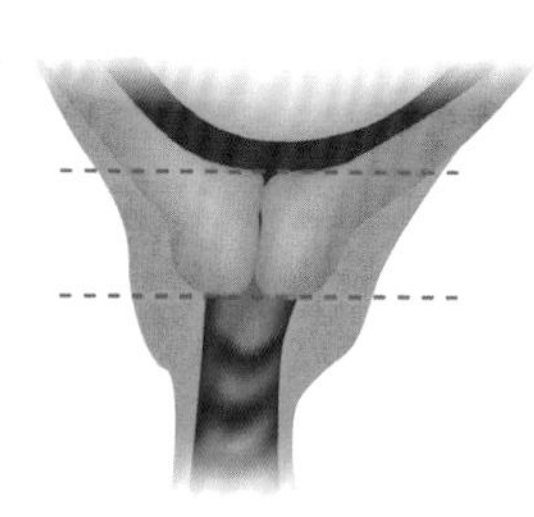

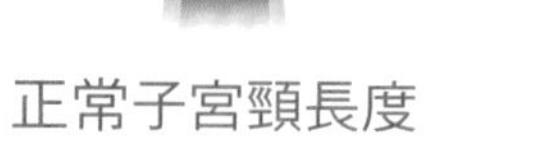

正常子宮頸長度　　較短子宮頸長度

孕媽咪筆記

懷孕28~31週

Part 1. 待辦事項

Part 2.要問醫生的問題

Part 3.我的心情

懷孕32～35週

唉呦，很擠ㄟ！

懷孕 32～35 週

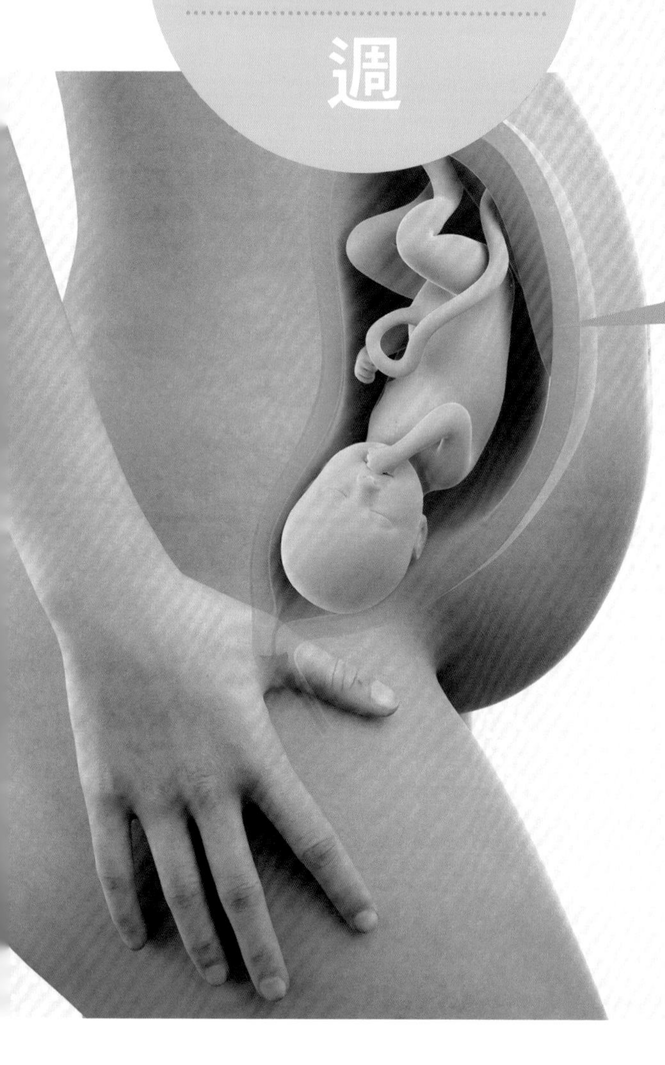

子宮大小 子宮底高度為28～30公分。

身體狀況 胃部受子宮壓迫，食量減少；心臟和肺部也受到壓迫，容易產生心悸；皺紋及雀斑增多。

胎兒的樣子 身高約44～47公分，體重約2000～2300公克；胃及腎臟的功能愈來愈活潑，也會分泌消化液；胎兒此時已會排尿，也具有調節體溫的能力；血管長到接近表皮的地方，使得皮膚呈現粉紅色。

胎兒的手指甲已長到指尖，自己會用指甲抓一抓了！牙齦突出，照超音波時常誤以為是牙齒。也由於皮下脂肪增多，胎兒的體態漸漸變得渾圓起來，寶寶伸展手腳的空間愈來愈顯得狹窄，一舉一動經常都會撞到媽媽的子宮壁。

透過超音波照片來看看寶寶現在的樣子

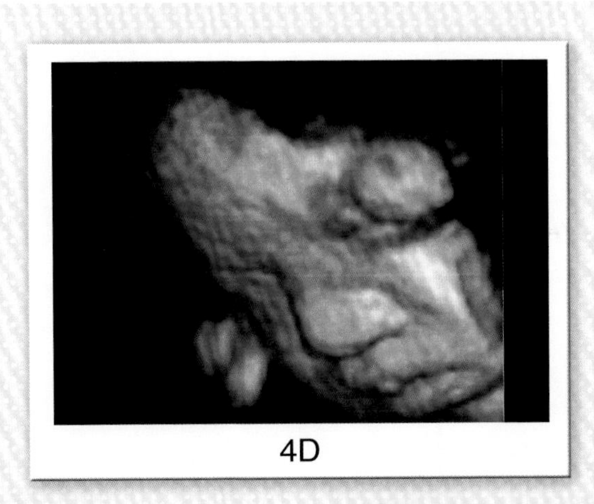

4D

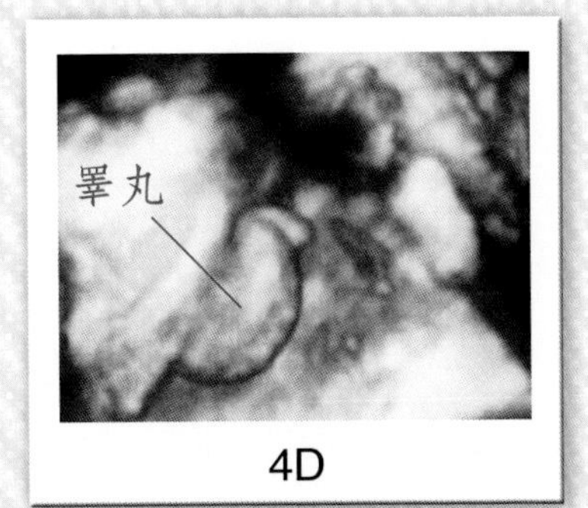

4D

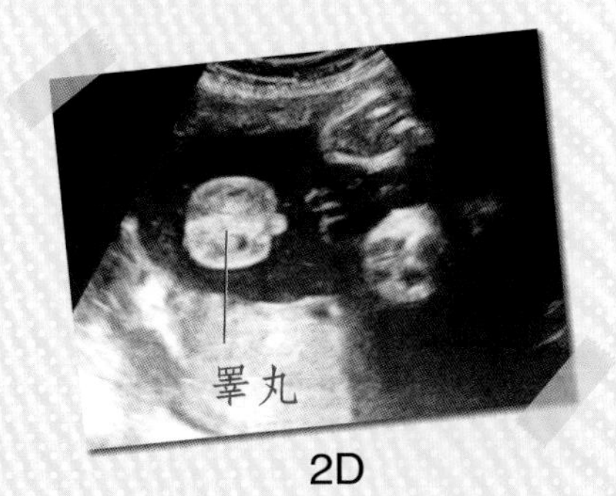

2D

孕媽咪看過來

1.不宜一個人長時間外出，外出時一定要隨身攜帶母子健康手冊。

2.外出時隨身準備孕婦專用的衛生棉，以便破水時可以使用。

3.當肚子變硬時宜中止性生活。

4.小心腳步，千萬不要跌倒或滑倒。

5.備妥醫院的電話，並與緊急連絡人隨時保持聯繫。

潘醫師給孕媽咪的提醒 Part 1

胎位正不正，很有關係！

胎位是指胎兒在羊水腔中所處的位置與姿勢，就妊娠週數而言，妊娠前3個月內，胚胎或逐漸發育中的胎兒，基本就是浮游在羊水腔中，他所處的方位隨時在變，可以360度翻轉，所以無所謂胎位的說法。

妊娠第14～24週，幾乎一半以上的胎兒屬於臀位，也就是胎

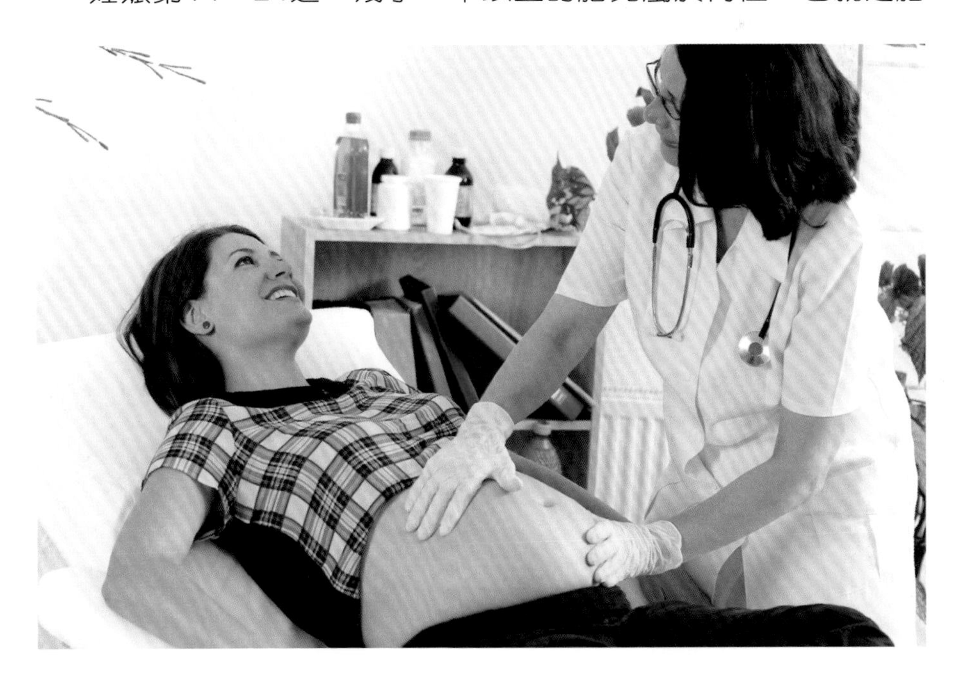

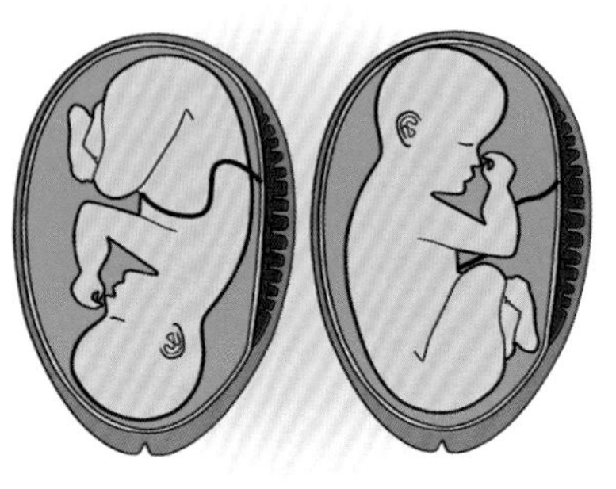

兒的臀部朝向子宮頸口及產道的方向；隨著妊娠週數增加，臀位的比例亦隨之遞減。到了第28～32週左右，胎位不正的比例驟降到10%左右；第33週以上到第36週，胎位不正比例再從10%遞減到5%以下；第37週以後到分娩階段，降到只剩約3%。所以說，在妊娠28週之前若屬於胎位不正，大可不必驚慌，因為即使胎位不正，胎兒的身體構造仍然是正常的。

胎兒在子宮內的胎位受到很多因素影響，與胎兒相關的因素有：妊娠週齡大小、巨嬰症、先天染色體異常、多胞胎等；而與母體相關的因素有：子宮腔胎盤著床位置差異、多胎次經產婦腹肌較為鬆弛、子宮長肌瘤，或是先天子宮結構異常等。

●胎位不正怎麼辦？

雖然胎位不正幾乎沒有預防的方法，不過還是可藉由一些練習來矯正。若為胎位不正，孕媽咪在懷孕28～34週時可練習「膝胸臥式」，雖不一定能完全矯正胎位，但能有一點效果，不妨一試。

產前胎位導正運動「膝胸臥式」

開始時間：懷孕7個月（28週）

次數：每天早晚各1次

時間：每次2～15分鐘

功能：幫助矯正胎位

動作分解：

1.在床或軟墊上，採俯臥姿勢，胸與肩緊貼床面，雙膝彎曲，大腿與床面垂直，雙腿分開與肩同寬，兩手前臂緊貼床面。

2.臉側向一邊，緊貼床面。

3.開始練習時，每次維持此姿勢2分鐘，逐漸增加至5分鐘、10分鐘，至熟練時，每天早晚各做15分鐘；每天做2次。

需注意，避免在飯後做此運動。

若臨產時仍為胎位不正，須採剖腹產，以確保胎兒與母體安全。

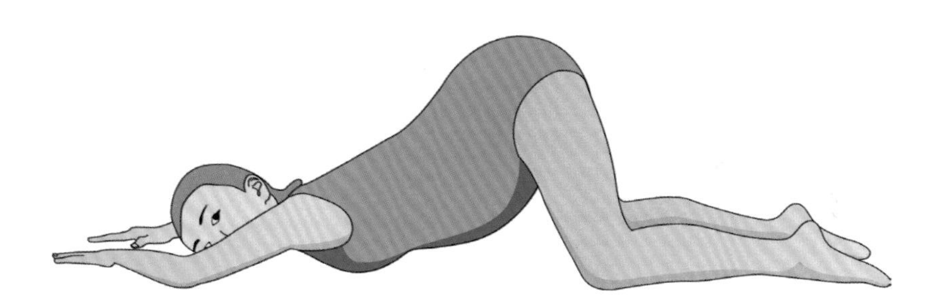

表：不同懷孕階段胎位變化情形

時程	胎位
28週之前	此時因為子宮空間大、胎兒體積小，所以胎兒隨時都在轉動。這時有大約50%的胎兒為臀位，即胎兒的臀部朝向產道
28週	此時是關鍵期，胎位不正的機率這時會下降到10%
30～34週	大多數胎兒的胎位都轉正了，但有些二胎以上的經產婦可能要到較後期才會轉正；這時胎位不正的機率已下降到5%
38～39週	這時胎位不正的機率剩3%，臨產時若仍為胎位不正，須剖腹產

潘醫師讓妳問

Q 胎兒會打嗝嗎？我懷孕32週，寶寶最近常一陣一陣很規律地用背部推我的肚皮，是不是在打嗝？

A 不是打嗝！胎兒的胃不會有氣體，所以不會打嗝。真相是子宮常常會壓住媽媽的腹部主動脈，主動脈的脈動力量很強，會一陣一陣推動子宮，很像胎兒在打嗝，但不是寶寶真的在打嗝。妳可以計算這種抖動的頻率，它和妳的脈搏頻率是一致的，頂多十幾下就會消失，因為當子宮離開主動脈，就沒有推動的力量了！

潘醫師讓妳問

Q 我懷孕34週，每天晚上睡覺都覺得胃部被頂著，很不舒服，無法好好入睡，有什麼辦法可舒緩？

A 懷孕34週時，胃被子宮頂著，會覺得胃漲得不舒服，又會造成胃酸逆流，若有這種情況，建議睡覺時用大一點的枕頭把上半身墊高，呈半坐臥的姿勢躺著睡，會比較舒服。

潘醫師給孕媽咪的提醒 Part 2

胎盤鈣化是正常的老化現象

胎盤就像身體的器官一樣，到了一定的年限就會開始老化，而胎盤是因為孕育新生命才出現的器官，因此，在妊娠後期，任務即將完成時，自然會開始出現老化的現象，而「鈣化」就是胎盤老化最明顯的現象。

一般胎盤鈣化可經由超音波檢查或病理切片時看出，由於超音波是利用聲波所造成的回音影像來判斷，超音波上白色的亮點通常就是胎盤鈣化的地方。鈣化一般是均勻分布在胎盤上，若是集中在特定區塊，通常可能是其他較嚴重的胎盤問題，像是胎盤出血、栓塞等，但只要集中的區域小於胎盤面積的5%～10%，都在許可的範圍。

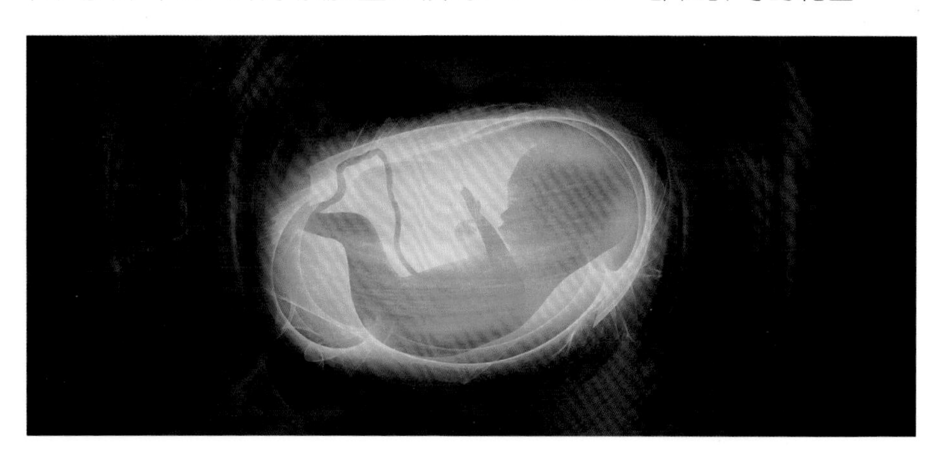

由於胎盤鈣化是常見且正常的現象，因此並無預防方式，也無法預測哪些是會出現胎盤鈣化的族群，但根據臨床醫學報告顯示，有抽菸習慣和血管栓塞的孕婦，胎盤鈣化的情況會比較嚴重。

●胎盤鈣化不會影響胎兒生長

胎盤鈣化通常在懷孕第35～37週時可明顯看出，但有些孕媽咪在懷孕第24週時就可看出些微的亮點，到第35週時才比較清楚地顯現，有一半以上的孕媽咪會有這種情形，這屬於胎盤自然老化現象，所以孕媽咪無須過度緊張。

由於胎盤是負責傳遞養分到胎兒身上的重要管道，胎盤若鈣化，會不會影響胎盤的功能？胎盤鈣化一般不會影響胎盤的功能，因此不會影響胎兒的生長。判斷胎兒生長情況是否良好，通常是以胎兒的活動力、血液循環情況及羊水量來評估，並非單以胎盤鈣化的情況來作為依據，而要確認胎盤的血液循環狀況是否良好，可用都卜勒超音波觀察，只要胎盤的血液循環良好，且胎兒心跳及活動正常，就不需要擔心胎盤鈣化的問題。

有些孕媽咪會因為胎盤鈣化就認為必須趕快將胎兒娩出，以免養分無法傳送到胎兒身上而影響胎兒健康，其實，正常的胎盤鈣化不會影響胎兒健康，只要胎兒活動力正常，孕媽咪無須為此改變生產計畫。

都卜勒超音波

為利用都卜勒效應所設計出來的一項超音波檢查，其原理是當一個運動體向著一個目標時頻率會變高；反之則變低。利用這種現象，將之應用於流動血液的血管。

都卜勒超音波（Doppler Sonography）可測定血流速度、方向及不正常逆流，舉凡心臟、頸部、四肢及內臟血管，都可經由這項檢查來測定血流是否遭阻斷、是否有靜脈曲張、血栓或動脈瘤等。新式的彩色都卜勒超音波是經由電腦化程式產生彩色波形及圖形，能夠更省時、更精確來診斷心臟血管疾病，近代產科也利用都卜勒超音波來測量胎盤血流，以了解胎兒生理活動狀況，以及利用胎兒心臟血流波形測定，來診斷是否有先天心臟畸形、心律不整，也可進行心臟功能評估。

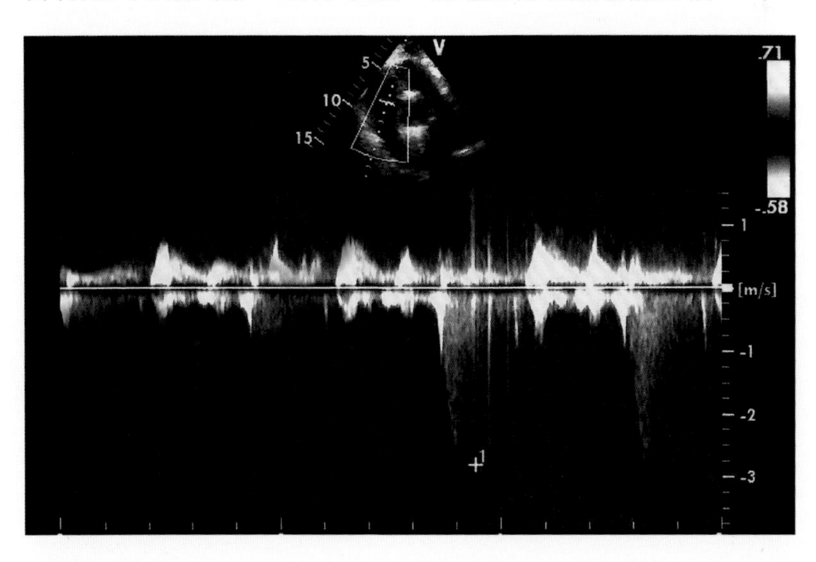

潘醫師讓妳問

Q 從懷孕第32週開始，即使天氣很冷，我晚上睡覺還是感覺很熱，老是掀被子，但老公卻冷得發抖，為什麼會這樣？

A 在懷孕後期，羊水及胎兒體溫保持在37度恆溫的情況下，和母體的體表溫度並不一致，所以媽媽會覺得很熱。若有這種情形，我建議睡覺時多加一件棉被，夫妻分開蓋被子，先生不致受寒，孕媽咪也不會燠熱難耐了。

孕期可以食用人蔘雞湯嗎？

根據中醫的說法，人蔘雞湯中，若人蔘用量大，有引起胎動不安的疑慮。

使用人蔘進補，建議需符合孕媽咪的體質服用。一般懷孕後期易偏熱性體質，如有實火或陰虛火旺者，這些人若食用溫熱補品，如人蔘，有可能助火引起胎動不安，加重妊娠不適症狀。

另外，部分孕婦在妊娠後期有下肢水腫的情形，有的甚至會出現妊娠毒血症，如高血壓、水腫和蛋白尿，有這些狀況者則不宜服用人蔘，中醫師蔡繡鴻表示，這有可能會導致血壓升高，且人蔘有抗利尿作用，對於水腫患者不利。因此，懷孕後期服用人蔘必須謹慎。

潘醫師給孕媽咪的提醒 Part 3

多一點親密接觸，保持精神愉悅——認識「產前憂鬱症」

越來越多案例顯示，產後憂鬱症其實是在產前就已經開始，由於懷孕期間，孕媽咪通常只在乎寶寶，而忽略自己，所以並未注意到產前憂鬱的情況。

為什麼會出現產前憂鬱？由於懷孕期間黃體素分泌增加，會造成身體不適及全身性水腫，而影響到孕婦的情緒，導致焦躁不安、易怒、沒耐性；也因為懷孕期間基於安全考量，不適合有太多的戶外活動，使得生活較無變化，影響心情；也有一些孕媽咪不外出時過度追劇、上網，使用眼睛時間過長，造成眼睛疲勞，導致腦部血糖降低，這樣也會造成心情低潮，而引發產前憂鬱，建議孕媽咪吃一些巧克力，提高血糖，可讓心情好一些。

高齡產婦因為生理及心理適應能力比年輕女性低，使得她們成為產前憂鬱的高危險族群，要避免出現產前憂鬱的情況，她們更需要另一半及家人的關心、體貼、照顧，這能給她們心理上很大的安全感，就能減少出現產前憂鬱的情形；另外，我也要誠懇的提出建議，即使在孕期，夫妻也必須盡可能維持正常的性生活，經常讓彼此有親密的肉體接觸，可心生歡愉，減少孕婦產前及產後憂鬱症發生。

潘醫師讓妳問

Q 什麼是「溫柔生產」？

A 所謂「溫柔生產」，是指以溫和的方式協助婦女從懷孕、生產到產後，都可以和醫護人員討論，擬定妥善的生產計劃，讓孕婦選擇符合自身需求的生產方式，並在舒適安全的環境下，愉快地迎接寶寶的到來。

生產對女性來說，是人生重大的轉變過程，若能在此時留下良好的經驗，除了可提升媽媽的自信心，也有助母嬰之間的親密關係。根據國外研究指出，生產經驗會影響媽媽後續照顧寶寶的情緒，兩者具有一定程度的相關性，因此，在孕產的過程中，媽媽的需求有否被重視？有無自主選擇生產方式？醫療人員有否善盡告知義務等，都是溫柔生產不可或缺的要素。

溫柔生產是以媽媽為主體，考量家庭的整體關係，慢慢調整出一種最適當的生產方式，因此，執行的前提是孕媽咪必須了解自己的身體狀況，以及生產過程中可能遭遇的各種問題，並且和醫護人員進行討論和溝通，最後選擇最適合自己的生產方式。

溫柔生產並不是指某種特定的生產方式，只要能做到重視產婦的需求和選擇，任何生產方式都可以是溫柔生產。過去產檯生產之所以受到批評（如「自然產是否需要剪會陰」即有很多議論），是因為忽視產婦自主選擇生產的權利，甚至有些孕媽咪可能根本不知道有其他的生產選項。

如果孕婦本身希望由專業醫師給予意見來進行產程的安排，只要孕媽咪和醫療人員彼此都能做到良好的溝通和協調，孕媽咪意見能受到重視與尊重，當然也可以稱為溫柔生產。

生產本來就是自然的生理狀態，而非疾病需要醫療介入治療，尤其現代人自主意識高，因此，必須在生產需求與生產方式之間尋求平衡，並注重產婦的身體和情緒隱私，才能真正貫徹溫柔生產。

實證醫學當道，醫病共享決策（Shared Decision Making，SDM）崛起，孕產婦有決定自己生產方式的權利，就是溫柔生產的概念。

孕產知識+

嚴防陰道感染，避免早期破水

早期破水是指在懷孕未滿37週時羊水即破裂流出的情形，其原因通常是與細菌性的陰道感染有關。由於有些特殊的細菌所分泌的酵素會使胎膜產生溶解作用，導致局部脆弱，易於破裂；其他導致早期破水的原因還包括：意外撞擊、子宮頸閉鎖不全、胎兒異常及羊水過多等。

早期破水可能導致早產、子宮內感染等情況，嚴重時會引起胎兒死亡及母體敗血症，若遇早期破水，應立即住院安胎，每4小時進行體溫測量，每天驗血球指數，並給予預防性抗生素及施打能加速促進胎兒肺部成熟的藥物，還要打安胎點滴，如果能抑制宮縮，且未出現感染的情形，則不妨多安胎一些時日，爭取讓胎兒在子宮中發育得更為成熟，但如果已出現感染的情形，則建議立即生產，並讓胎兒在出生後接受抗生素治療。

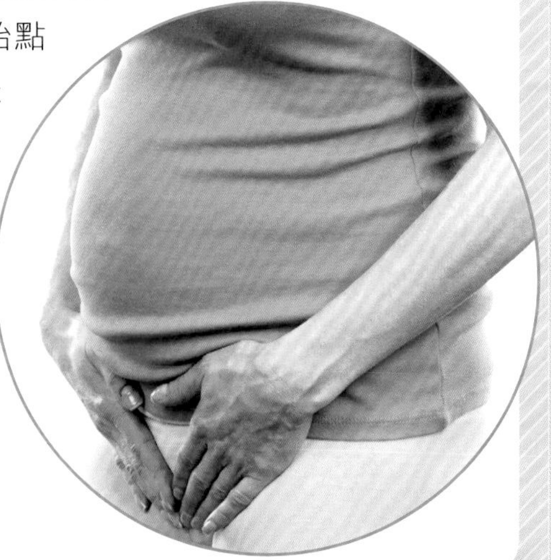

潘醫師讓妳問

Q 產後想裝避孕器，要在什麼時後裝比較好？

A 有兩個時間點可參考，一是在和先生恢復性生活之前裝，根據醫學記載，有人產後30天即開始排卵；一是在產後45天惡露完全排乾淨後裝，因為如果太早裝入，小如髮夾的避孕器會被惡露沖出。

另外，如果有哺餵母乳，排卵可能會延遲，但時間不一定，所以女性產後裝子宮內避孕器（Intrauterine device，IUD）要及時。

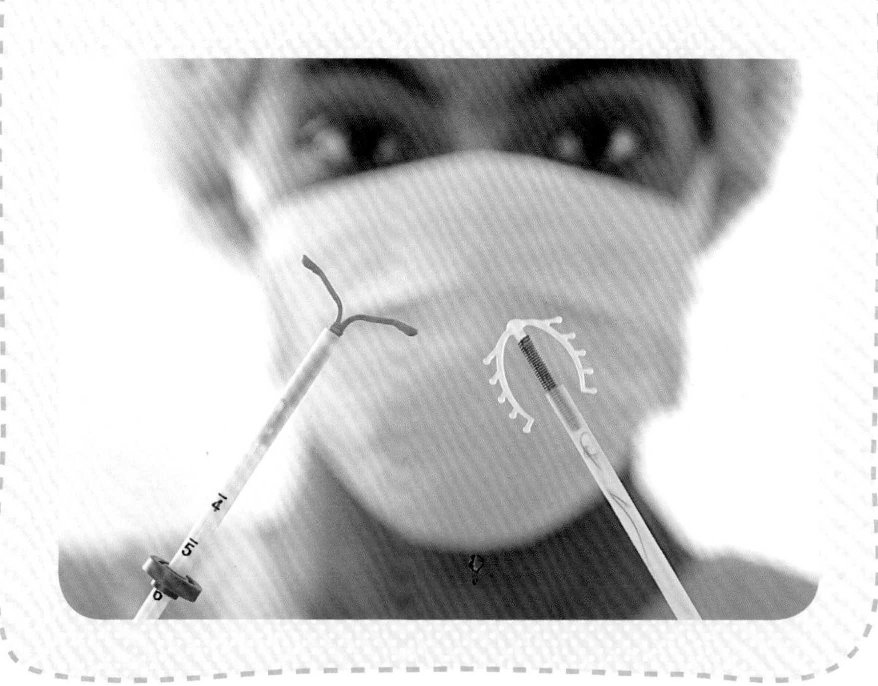

生產時需要刮除陰毛嗎？陰毛再長出來會不會變粗？

進行剖腹產手術需要把長在下腹部的體毛刮除乾淨，以利完全消毒，維護手術區域的無菌；自然生產沒有那麼嚴格，只需要刮除大陰唇下半部及會陰周圍，包括肛門區域的陰毛。

陰毛刮除之後大約3個月就會長好長齊，而且一根不少，每根的粗細長短一如原來的樣子，上帝全知全能，知道它原來的樣子，分毫不差，感謝上帝，讚美上帝！至於陰毛會不會越刮越粗？答案是不會的，有傳言表示男性的鬍鬚會越刮越粗，這個說法經過科學研究證實是錯誤的，體毛不會因為多次刮除而變粗。

孕媽咪筆記

懷孕32~35週

Part 1. 待辦事項

Part 2.要問醫生的問題

Part 3.我的心情

懷孕36～40週

準備卸貨了！

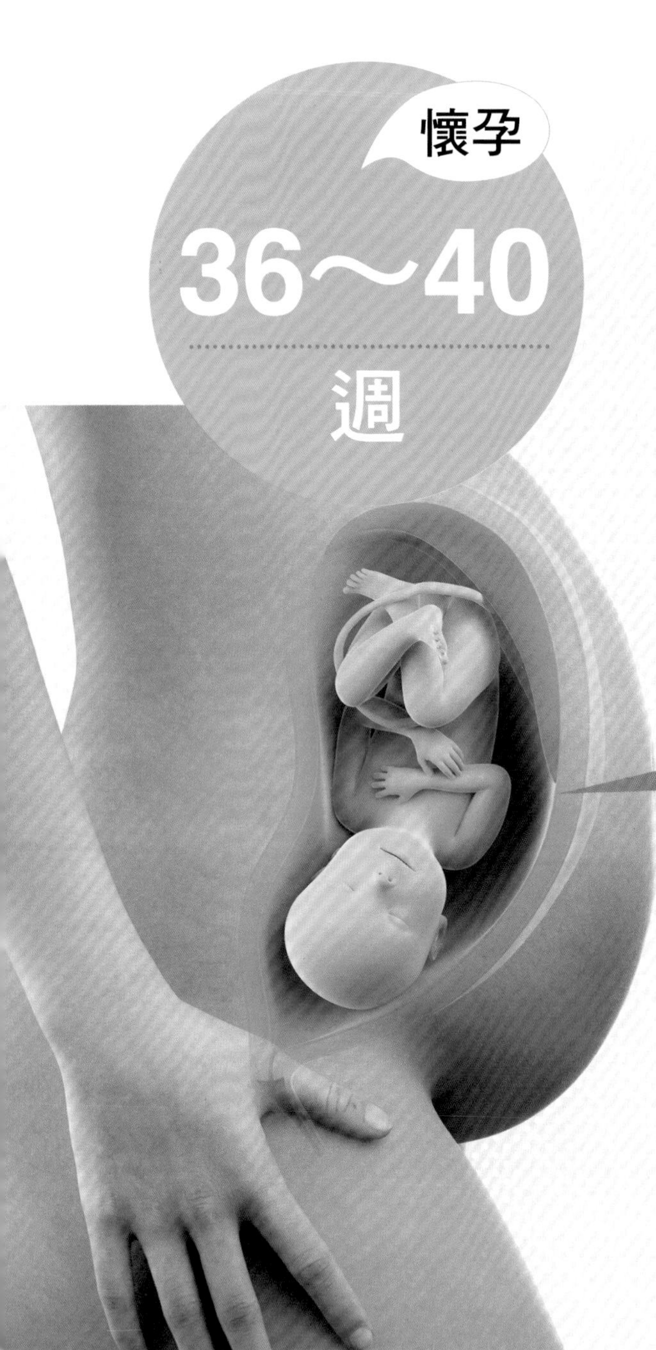

子宮大小 子宮底高度為32～34公分。

身體狀況 肚子稍微下垂，凸出於前下方；子宮下降，胃部及心臟部位的壓迫消除，漸有食慾；腹部有不規則變硬的情形；膀胱受到子宮的壓迫，愈來愈容易頻尿；肚子張力很頻繁，此為陣痛的先兆。

胎兒的樣子 身高約50公分，體重約3000～3200公克；大腦及內臟的活動功能已很健全；身體的皺紋消失，呈現光澤感；呼吸、消化、泌尿等系統都已成形；腦部發育完善，視力增進；胎兒從母體得到荷爾蒙及免疫物質，具有抵抗力，在這期間內娩出的胎兒都不會有問題。

基本上，寶寶已經做好在媽媽體外獨立生活的準備了。但此時寶寶頭骨之間的縫隙，也就是囟門，仍未密合，這是要讓寶寶的頭部有伸縮空間，使得生產時可以順利通過媽媽狹窄的產道。

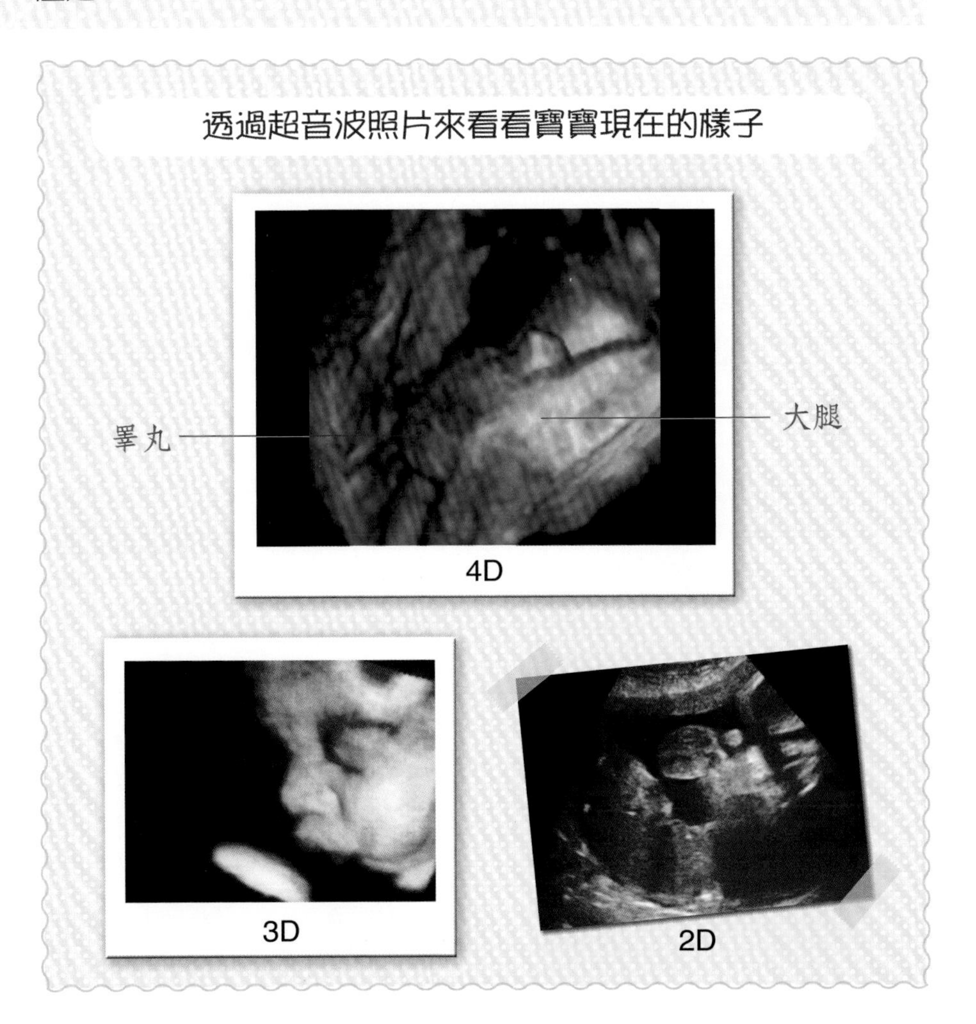

1.每週做一次產前檢查。

2.肚子如果發脹的話要保持安靜，計算間隔多久時間肚子變硬一次，若間隔時間為10～15分鐘，且為規律性，那就是產前的陣痛，要與醫院連絡。

3.若為初產者，從陣痛開始到生產需經歷20～24個小時，所以不用太過慌張。

4.若有破水或異常出血時要立刻與醫院聯繫。

5.將醫院的緊急電話號碼張貼在家裡每個人都知道的地方，並詢問醫院夜間急診的電話。

6.由於隨時可能生產，所以不要長時間單獨外出。

7.在家時可像平常一樣做做家事、散散步，不需過於焦慮。

8.要有充足的睡眠和營養，以儲備生產時所需的體力。

9.生產後短時間內不方便沐浴，可在產前保持身體及頭髮的清潔。

10.準備好生產時可能需要使用的費用。

11.安排好前往醫院的交通方式，若為計程車，需先確認好叫車的電話號碼；也需事先安排好假日或夜間的交通方式。

12.再仔細複習一次有關生產前兆的訊息，如肚子經常變硬、頻尿、胎動遲鈍，或是陰道有帶血的分泌物等。

潘醫師給孕媽咪的提醒 Part 1

掌握「產兆」，避免不必要的焦慮

「產兆」，即生產前的生理徵兆，從預產期的前兩週都算正常生產期。當孕婦進入生產期之前，要懂得辨別各項產兆，避免臨生產時手忙腳亂及出現不必要的焦慮。

產兆通常有以下幾種情況：

1.輕鬆的感覺：由於胎兒已下降至骨盆腔內，孕婦通常會感覺食慾較好、呼吸較順暢，但容易頻尿，下腹部或陰部會感覺較沉重。

2.陰道出血：當子宮口漸開時，子宮頸的黏液混和少許血液，會使陰道流出粉紅色的液體。

3.陣痛或腰痠：隨著子宮的收縮而產生，具有以下特性：

- 陣痛時子宮變得很硬，不痛時就會變軟。
- 開始時為不規則疼痛，漸漸轉為規則，且每次疼痛的時間隨著產期接近而加長。
- 痛的部位包括整個腹部及背部，尤其尾椎處有痠痛感。
- 疼痛不會因為按摩或走動而減輕。

4.破水：因為羊膜破裂而使羊水流出，胎兒足月時羊水約3個小時會完全更換一次，羊水的組成是來自胎兒腎臟製造出來的尿液及胎兒肺部的分泌物，足月時容量大約為800cc，破水時會從陰道流出像小便樣但量較多之液體，顏色為清澈或白色混濁樣。

「早期破水」是指孕媽咪在還沒有陣痛之前胎膜已破裂，導致羊水流出，發生機率約為3%，最主要的原因是羊膜受到感染破裂。在懷孕約37週左右，許多孕婦就會開始出現生產前的徵兆，孕媽咪要掌握上述所提的幾個關鍵產兆，才能在產兆出現時有充裕的時間及心理準備，好好迎接寶寶的到來。

潘醫師讓妳問

Q 怎麼知道肚子裡的寶寶有沒有長得過大或過小？

A 在正常的懷孕週數之下，胎兒體重大過平均體重兩週稱為過大，小過兩週稱為過小，但基因本身也是重要的影響因素，其他因素如孕媽咪血糖太高會使胎兒過大，抽煙太多、子癲前症會使胎兒發育過小。如果經過如高層次超音波的詳細檢查，不一定有健康問題，但因為母體血糖過高，而造成胎兒體重過重，則應該考慮在37週前提早催生。

另一個判斷胎兒體重發育正常與否的標準是：胎兒出生時體重不足2500公克為體重過輕，大過4000公克稱為巨嬰。

表：胎兒40週身高體重參考

週數	平均體重（g）	平均身高（cm）
5～8	4	2～3
9～12	20～30	7～9
13～16	100～300	15～18
17～20	350～500	20～25
21～24	600～800	30～32
25～28	1000～1300	36～38
29～32	1600～1900	40～44
33～36	2000～2700	44～48
37～40	2700～3500	48～52

潘醫師讓妳問

Q 何謂「高位破水」？何謂「低位破水」？

A 依照孕婦羊膜腔的破水位置，可分為低位破水和高位破水。

低位破水：指破水位置較低，且靠近陰道處，破水時會流出大量的羊水，因此能在發生破水的第一時間就被察覺。

高位破水：靠近子宮上端的位置，由於流量不多，經常被孕婦誤認為是分泌物或是漏尿，比較容易被忽略。高位破水發生機率雖然不高，但還是有可能發生，這種情況容易導致胎兒受到感染，因此孕媽咪應該多加注意。

潘醫師讓妳問

Q 產後哺乳期間可以打肉毒桿菌嗎？

A 可以，但這個答案可能令妳大為驚訝，因為它否定了一般人的直覺和先入為主的想法，並且否定了某些醫美診所醫師的說法。

愛美是不分時刻的，孕婦在歷經10個月辛苦漫長的妊娠期，產後坐月子期間想要趕快恢復懷孕前的美麗容顏，重拾往昔風華，可使用高單位左旋維他命C，效果很不錯，但如果臉部肌膚因為水分消退而略顯枯槁皺縮凹陷，有些醫美診所會建議施打可立即豐盈光潤的玻尿酸。一般來說，玻尿酸是用來施打靜態紋，至於不斷出現的動態紋，則必須使用肉毒桿菌素技巧性的在臉龐多處注射，譬如抬頭紋、魚尾紋、皺眉紋等，都可有立竿見影變年輕的功效。

可是說到施打肉毒桿菌，正在哺乳期的媽媽可能充滿疑惑，哺乳期真的能施打肉毒桿菌嗎？不會影響到嬰兒嗎？母乳還可以給寶寶喝嗎？確實，看到「肉毒桿菌」幾個字就讓人擔心，正在哺餵母乳的媽媽當然會擔心懼怕，甚至有些醫美診所的醫師為此很難說服病人，在患者詢問時回答：哺乳中的婦女不可以施打肉毒桿菌素！

事實上，這樣回答是錯誤的，而我的答案是有根據的，讀者可查證長庚醫訊第39卷第3期（107年3月1日發刊）「肉毒桿菌素在復健醫學的運用，已有一些案例顯示，孕婦與仍在餵食母乳的媽媽們可以接受肉毒桿菌注射治療；仍在哺乳的媽媽們在接受完肉毒桿菌素注射後，母乳內偵測不到任何肉毒桿菌素的存在」一文，答案就在這裡！

潘醫師讓妳問

Q 我自然生產後已經1個月，觸摸陰蒂還會痛，為什麼？

A 自然生產產後4個月內，陰道、陰蒂、前庭都仍然會呈現紅腫，類似發炎狀態，可用潤滑液緩解症狀，塗擦時要輕柔觸碰，過度用力會引發疼痛。

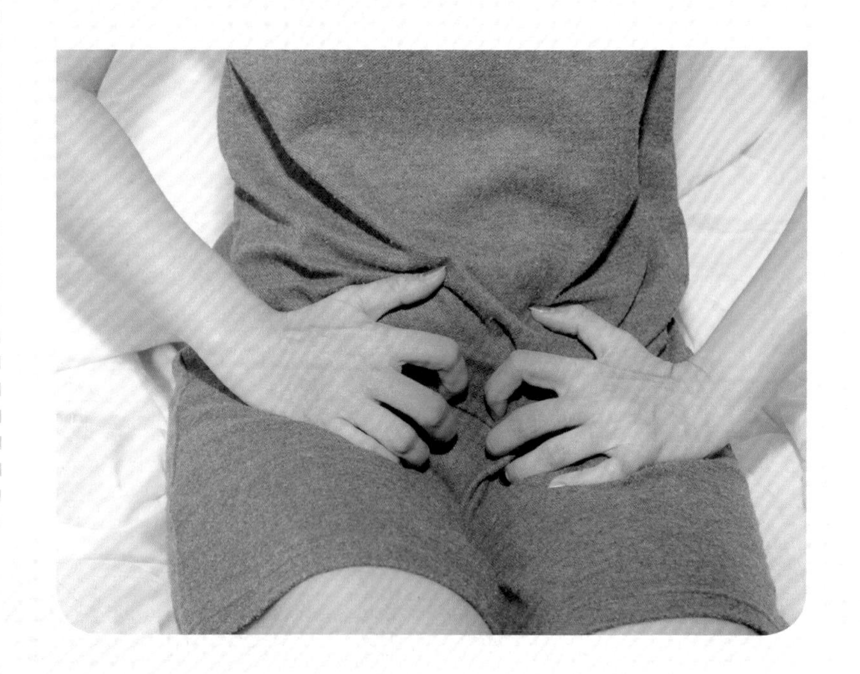

潘醫師給孕媽咪的提醒 Part 2

自然產好？還是剖腹產好？

自然產，顧名思義是最自然的生產方式，即是寶寶從媽媽的產道（陰道）生出來。雖然大多數孕媽咪都會經歷瓜熟蒂落，寶寶自己發動要出來的過程，但也有多種原因導致孕媽咪沒有經歷自然產，而是經由手術方式，把寶寶從媽媽的子宮裡取出來，這個過程即是剖腹產。

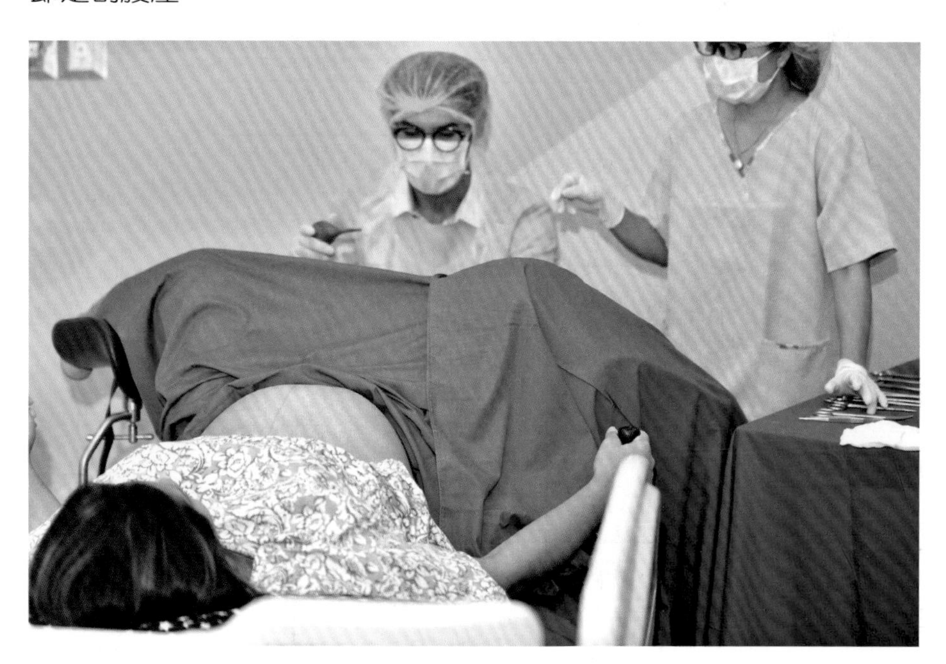

「自然產」聽起來較讓人安心，因為它被稱為「自然」的生產方式，但考量一些孕媽咪的健康狀況，醫師會建議進行剖腹產，這是為了媽媽和寶寶的安全著想。常見應該選擇剖腹產的情況有：

1.妊娠糖尿病

2.妊娠高血壓（子癲前症）

3.病毒感染，如陰部尖端濕疣，俗稱「菜花」

4.胎盤問題，如前置胎盤、胎盤早期剝離

5.雙胞胎或多胞胎

6.胎兒過大、而媽媽的骨盆過小

7.胎位不正

8.子宮肌瘤

9.臍帶脫出

10.臍帶繞頸併臍帶壓迫

11.羊水過少

有這些情況，孕媽咪在孕期將要結束時就已經接受剖腹產的建議，心理上會有所準備，但有些時候，因突發狀況，比如胎兒的心跳突然下降（可能是由於臍帶繞頸或其他因素導致的缺氧）、產婦出現突發狀況等，這些情況發生時產婦與家屬通常沒有做剖腹產的心理準備，可能會產生心理的抵觸和焦慮。其實，臨產時需要從順產轉剖腹產往往有充分的醫學理由，產婦及家屬應該相信醫生的專業判斷。

但現在有愈來愈多的孕媽咪會主動詢問或選擇剖腹產，這是因為很多人覺得剖腹產可以提前預約時間，方便安排產假及家庭計劃，省得一直等著寶寶自己發動；也有人覺得，順產要經歷宮縮的痛苦，而剖腹產比較不會痛；還有些孕媽咪因為經歷第一胎自然產辛苦的過程，第二胎就會傾向選擇剖腹產。那麼，比起自然產，主動選擇或不得不接受剖腹產的媽媽們，產後的恢復有哪些不同呢？

1.痛感：很多人以為剖腹產就可避免順產的疼痛，殊不知，產前的狀況確實是如此，剖腹產產後傷口癒合過程中的痛苦一點也不比順產小，但是經由麻醉技術及藥物止痛的效果如今已有大幅改善，現在已經有幫助術後止痛的麻醉技術可有效止痛，可以做到手術後7天完全不痛；但產婦如果是「蟹足腫」體質（傷口上會生出紅色肉芽組織），那麼剖腹產的傷口更要特別小心護理。

2.惡露：剖腹產和順產一樣，產後約6週內陰道會排出惡露，惡露排出狀態為時多時少、斷斷續續，42天後子宮才會恢復為懷孕前跟檸檬一樣大小的狀態。

3.發抖：很多剖腹產的媽媽們在麻醉藥藥效過後，身體會不自主發抖。

4.併發症：如同任何一種腹部外科手術一樣，剖腹產之後有可能出現「腸沾黏」現象，即腹腔壁膜因為手術的傷口而產生發炎，在傷口癒合過程中這些粘膜黏在一起，嚴重時會和腹腔內的器官沾黏在一起，導致腹痛，甚至引發不孕。所幸現在已經發展出「玻尿酸防沾黏薄膜」，可有效預防腸沾黏。

●自然產對寶寶肺部發育較有好處

雖說產婦及家屬有自行選擇生產方式的權利，但以婦產科醫師的觀點，若非基於安全考量而行剖腹產，仍以自然產對媽媽及寶寶有較多優點。以下分別提出剖腹產和自然產對媽媽和寶寶來說各有哪些影響。

對媽媽

1.風險：手術必須承擔的風險。

2.選擇權的變化：通常情況下，前一胎如果是剖腹產，醫師往往會建議下一胎沿用剖腹產，因為順產有可能會讓上一次剖腹產時子宮的傷口破裂、造成大出血。而一個人的身體能承受剖腹手術的次數是有限的，一般來說，剖腹產的極限是4胎，所以經歷過剖腹產而選擇自然產的媽媽們要有心理準備，隨時可能會出現「順轉剖」的情況。

但我曾經接手一位第6胎剖腹產的產婦，而這屬於特殊情況，這類案例不能等到陣痛開始才進行剖腹，那樣的話子宮裂開的機率會非常高，是很危險的情況。

3.開始餵母乳的時間：自然產後可較快開始親餵母乳，而剖腹產的媽媽們往往因為傷口不適，所以要多等一段時間才能親餵母乳。

4.產後恢復：自然產的媽媽們比較容易經歷產後大小便的問題，也比較容易在產後出現尿道口鬆弛的情形，身體做劇烈動作時有時會漏尿。

強烈建議：如果醫師基於寶寶的安全考量，向妳提出剖腹產的專業建議時，產婦不應該單純以非專業性的理由拒絕，這種態度很可能會造成胎兒或母體的危險。

對寶寶

1.呼吸系統發育：自然產的寶寶生產時經過媽媽的產道擠壓，會排出肺部的一些液體，這對寶寶的肺部發育很有好處，寶寶日後比較不會出現肺部感染的情形。

2.風險：自然產有時時間會拖很久，寶寶在產道的時間若太久，容易出現諸如腦損傷之類的問題，所以如果有必要，醫生會建議轉成剖腹產，這對寶寶比較好。

剖腹產，又名「帝王手術」

凱撒大帝是羅馬帝國的奠基者，公元前100年7月生於羅馬，相傳他是第一個有史書記載經由剖腹生產出生的嬰兒，所以剖腹生產在西方被命名為「Cesarean Section」，又稱「帝王手術」。

「自然產vs剖腹產」超級比一比

	自然產	剖腹產
生產途徑	從產道（陰道）產出	自腹部開刀將胎兒抱出
麻醉方式	無痛分娩（須自費）	半身麻醉
傷口呈現	僅陰道口縫合，傷口較小	腹部開刀，傷口較大
傷口照護	會陰沖洗+藥膏塗抹即可	每日傷口換藥，並使用美容膠帶、矽膠片、凝膠等，避免組織增生
傷口復原	約1～2週	1～3個月 （子宮完全復原需3～6個月）
惡露狀況	較多，約2～3週	較少，開刀時已清除
陪產	可以	不可以，因開刀需無菌環境
優點	1.產後恢復快 2.胎兒經由產道產出可將肺部羊水擠出，對肺部功能較好 3.經產道娩出的新生兒生理反射及活動反應較好	1.免於待產疼痛期 2.可看時辰生產 3.減低生產過程中胎兒缺氧、吸入胎便及胎盤早期剝離的風險
疼痛時期	1.進入產程時的陣痛 2.分娩時的疼痛 3.會陰傷口疼痛	腹部傷口的疼痛
止痛方式	產程期間可自選一般止痛針或無痛分娩	開刀期間必須全身或半身麻醉，開刀後可自選疼痛控制止痛

●剖腹產又分一般剖腹產與腹膜外剖腹產

腹膜外與腹膜內剖腹產（即一般剖腹產）的差異在於，腹膜內是切開腹膜、進入腹腔，再切開子宮，娩出胎兒；而腹膜外則是避開腹腔位置，直接進入子宮，也就是醫師下刀後會避開腹膜腔，將膀胱側撥後再切開子宮，將胎兒娩出。其主要步驟如下：

1.在膀胱附近的位置切開皮膚層，繼而打開筋膜和肌肉層，避開腹腔部位，露出子宮下端。

2.切開子宮，娩出胎兒與胎盤，再將子宮縫合、膀胱復位。

過去多數人認為，腹膜外剖腹產的優點是可以避免沾黏、不必禁食、產後不須等排氣、減少感染，甚至能降低腹膜炎發生的機率，但這些優點在麻醉技巧、抗生素藥效及手術設備高度發展的今天，一般腹膜內剖腹產完全可以得到相同甚至更好的結果。

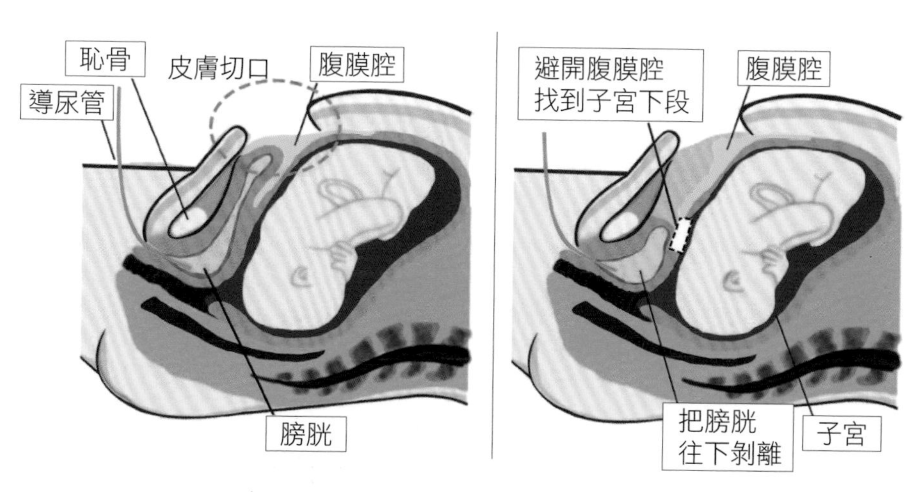

腹膜外剖腹產切口與位置示意圖

所以兩者的優劣在以往及如今看起來並無差異，但若孕期有以下情形，則不建議進行腹膜外剖腹產：

1.胎兒體型或胎頭過大。

2.前置胎盤。

3.胎盤早期剝離。

4.孕婦骨盆腔內有腫瘤，因為腹膜外剖腹產無法同時探查骨盆腔內的其他器官。

此外，產婦娩出胎兒及胎盤後，若因子宮收縮不良等因素造成大量出血，此時必須將子宮提出腹壁外進行縫合或止血，而腹膜外剖腹產因為手術視野很窄，使得上述的緊急救護動作容易延誤，可能增加產婦的生命危險。

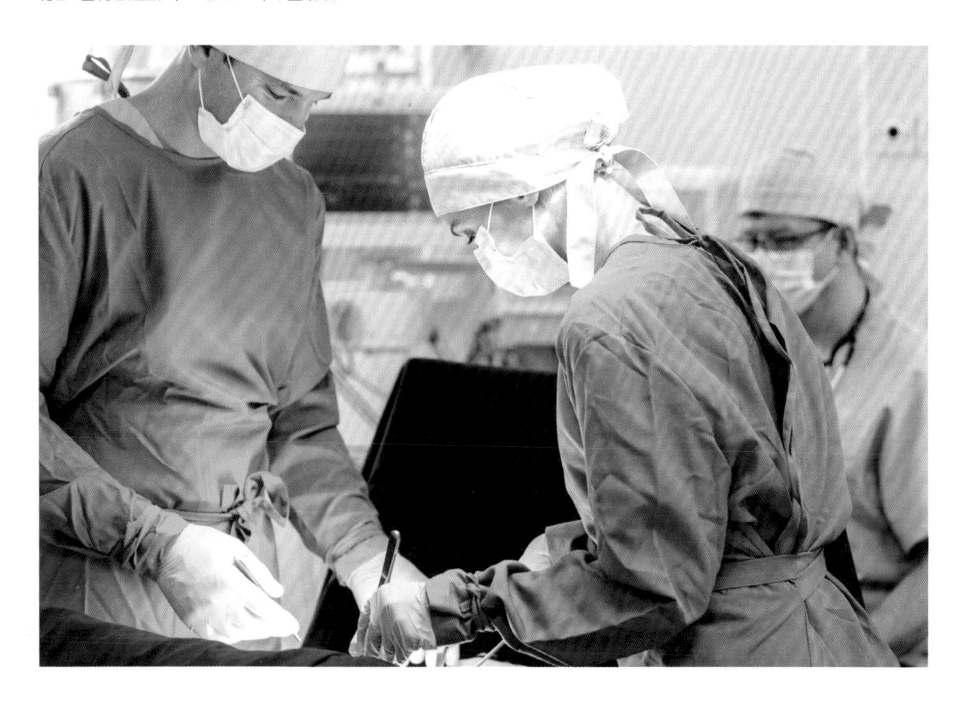

腹膜外剖腹產的優缺點分析如下：

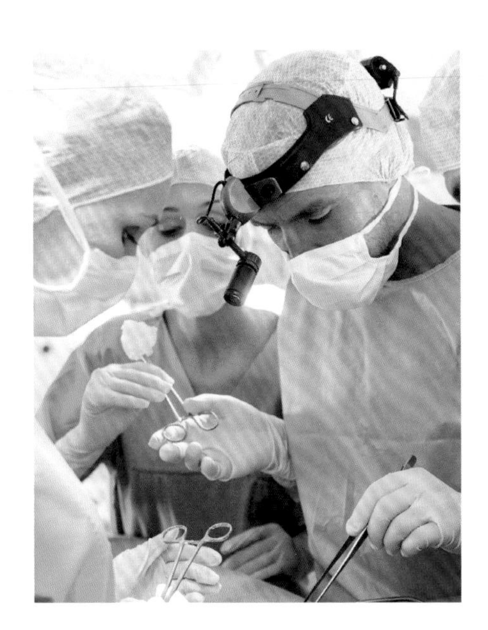

優點

1.手術避開腹腔，不會碰到內臟，預防腸沾黏。

2.手術後沒有腸脹氣的困擾，術後不需等排氣就可進食。

3.手術過程不會拉扯腹膜，因此不會有疼痛感。

4.產婦體力恢復快。

缺點

1.仍可能會有膀胱沾黏的狀況發生。

2.手術部位靠近恥骨，此部位的皮下脂肪及血管較豐富，術後可能會出現水腫、血腫，或下腹悶痛的情況。

3.下次手術部位須跟著更低，這對於修補疤痕或手術中須拉大傷口時，技巧上較為困難，出血會更多。

4.胎兒過大、前置胎盤、有卵巢腫瘤要一併探查時，不可使用腹膜外剖腹產。

●醫界仍較推薦腹膜內剖腹產

目前醫學中心都採取傳統「腹膜內剖腹產」，而拒絕採取「腹膜外剖腹產」。施行腹膜外剖腹產手術時，因手術位置較靠近膀胱，若在手術剝離的過程傷到膀胱，可能影響產婦產生泌尿系統的後遺症，如膀胱沾黏、容量變小導致頻尿等，又在經過麻醉後，愈早把嬰兒娩出愈安全，尤其在胎兒心跳窘迫，或前置胎盤、胎盤早期剝離等緊急狀態下，以傳統腹膜內手術產相對比較安全，也因為這些理由，目前醫界仍較推薦腹膜內剖腹產，所有的醫學中心也不推薦腹膜外剖腹產。

另外，考量孕媽咪有生第二胎的需求，如果選擇做腹膜外剖腹產手術，多數醫師仍然建議在肌肉層和外層筋膜層間必須使用防沾黏片，因為腹膜外剖腹產的難度在於肌肉層和腹膜面之間的剝離及腹膜和膀胱之間的剝離，如果這些地方發生沾粘，會造成下次手術時不好剝離，使下次手術的困難度提升。

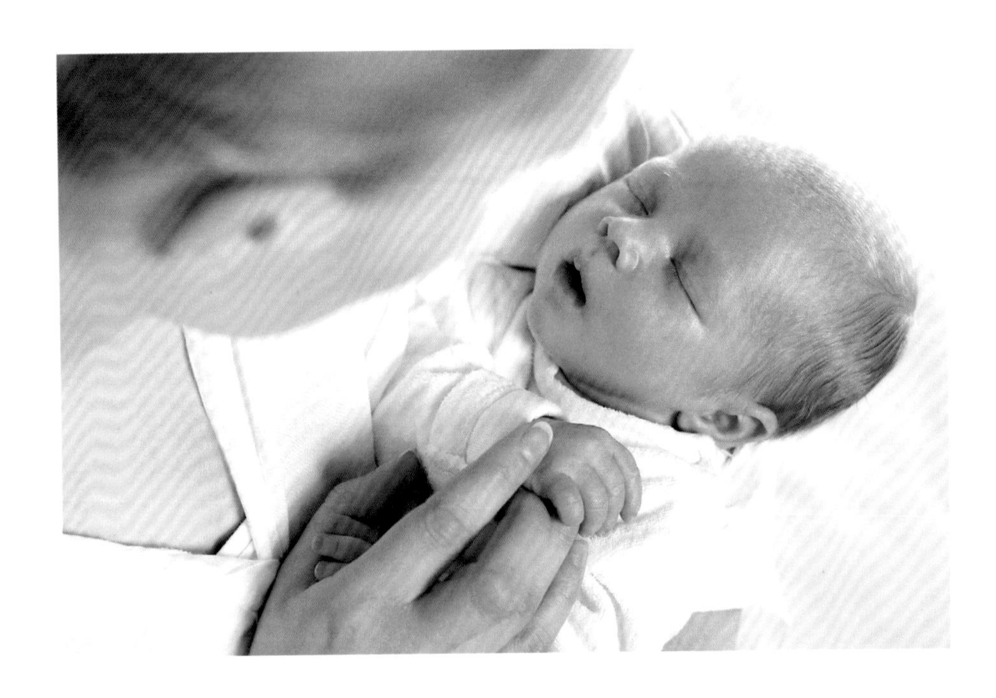

潘醫師讓妳問

Q 自然生產需不需要剪會陰？

A 剪會陰的時機是在胎兒的頭髮已經露出在陰道口，胎兒即將生出來的那一刻，為了防止會陰被胎兒瞬間擠得撕裂到肛門，裂口不規則，造成產後傷口癒合不良、徒增疼痛而採取的應變措施。

剪會陰的方式有兩種：

1.直式：優點是癒合快，比較不疼痛；缺點是易失控，就裂口裂至肛門、直腸。

2.斜式：優點是較不易裂到肛門；缺點是癒合較慢、較疼痛。

至於要不要剪會陰，可以向醫師表達妳的想法，但最終還是應該交給醫師在過程中決定，不剪的結果往往裂口可能被胎兒擠裂得更嚴重。

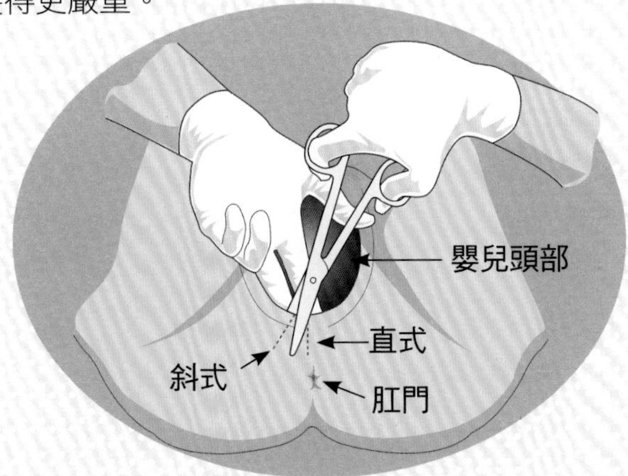

運用玻尿酸貼片防止傷口粘黏

圖片來源：健康醫療網

剖腹產時子宮切開後傷口再癒合時會分泌纖維蛋白，一些組織液、血漿會黏住小腸、大腸，輸卵管、膀胱等大約要經過7天的時間才能完全癒合，在這7天內如果有一塊薄薄的膜片能把傷口和腸子、膀胱等隔開，使彼此間不會接觸，等待7天後傷口癒合完成，這時腸子靠近也不會再粘黏了。

玻尿酸防粘黏貼片的作用便是用來隔開傷口和臟器，重要的是7天後傷口癒合，器官表面回覆光滑，便不會再粘黏了，這時玻尿酸也功成身退被人體組織吸收了。

同樣的狀況，如果用一片透明塑膠布放在傷口上7天，可以防止腸子與子宮粘黏嗎？答案是，可以，但傷口復原後必須再打開肚皮一次，以便取出塑膠布，因為塑膠布不會被人體吸收，所以不能留在肚子裡，必須取出。

潘醫師讓妳問

Q 如何分辨「假陣痛」與「真陣痛」？

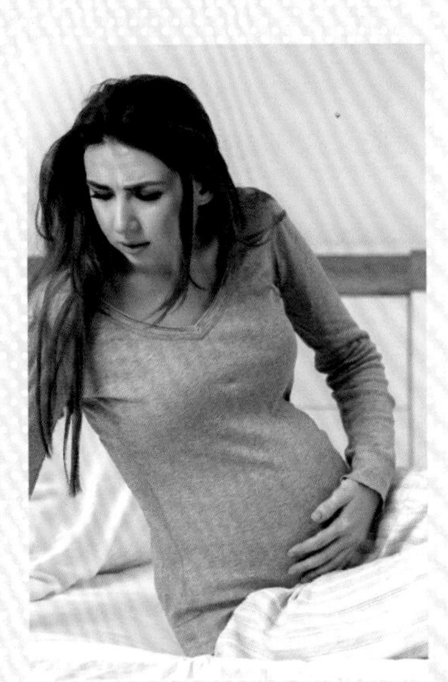

A 真的陣痛一次不會持續超過3分鐘，肚皮硬一次超過10分鐘的都是假陣痛。如果一次只收縮60-70秒，30分鐘出現一次，且連續4次，接著20分鐘一次、15分鐘一次，像火車穩定加速、持續前進，不論妳站著、坐著、躺著，肚皮都硬一次，就是「真陣痛」。其實，「陣痛」兩個字應該改為「宮縮」，因為剛開始宮縮時並不會太痛。

表：真陣痛、假陣痛比一比

	假陣痛	真陣痛
發生時間	產前1個月內	進入產程才會發生
規則性	不規則	間隔、強度都很規則
可否緩解	走動、休息可改善	無法緩解
疼痛部位	下腹股溝	擴散至背部、尾椎
子宮頸變化	無變化	隨收縮而擴張、變薄
胎兒頭部	不會下降	持續下降

潘醫師給孕媽咪的提醒 Part 3

這樣生產也可以——水中生產、在家生產、先生陪產

一般印象中，產婦臨產時最要緊的事是送醫院，其實，生產時除了「送醫院」，也就是由婦產科醫師接生，還能有其他的選擇，以下介紹幾種較常被討論的非常規生產方式。

●水中生產

水中生產（Waterbirth）就是在水中進行生產，也就是藉由水作

為媒介，幫助產婦在負擔及痛苦減輕的狀態下生產，新生兒娩出時完全浸沒在水中，隨後立即將寶寶抱出水面。

水中生產雖是一種新型的分娩方式，但有些人並不適合進行水中生產，例如身患疾病或有流產史的產婦，這些人以傳統生產方式為好，因為疾病往往會引發綜合症，採取傳統生產方式可避免造成傷害；另外，如果胎兒過於巨大，或是早產、羊水已經破裂超過24小時等情況，也不適合進行水中生產。

水體的浮力作用能幫助產婦自己找到最輕鬆的位置，如果產婦想要換姿勢，也不需要其他人幫忙，產婦可藉助浮力根據需要或者助產士的指令輕易地變換體位，這些都有助於產婦的盆骨打開和順利分娩。

但水中生產亦有其缺點，一是難以檢測胎心，胎心是醫生用來判定寶寶是否健康的重要指標，但在水中產子，檢測胎心和查看產婦宮縮程度的儀器很難被安裝，因此難以了解胎兒和產婦是否安全；其次是容易被感染，因為生產時產婦下體會流出各種分泌物，水極易被污染，這會給產婦和寶寶都帶來危險。

進行水中生產時，一旦遇到水被污染或者羊膜破水等現象，應立即為產婦換水，以確保沒有安全疑慮。

●在家生產

這裡說的「在家生產」，指的是有合格助產士協助而在自己家裡生產的方式，推崇這個生產方式的觀點表示，產婦在家生產，因為是在自己熟悉的地方，所以比較不會緊張，另外，在家生產也比較不會有過度的醫療行為介入，是比較自然的方式。

回想幾十年前，台灣的醫療條件欠佳、醫療資源嚴重匱乏，多數產婦是由「產婆」協助在家生產，如今，台灣普遍醫療條件已追上先進國家，婦女生產時毫無疑問，首選的地點就是醫院，「產婆」，也就是上稱的「助產士」，成為夕陽行業。

只是，長期以來，在醫院生產常讓女性處在資訊不對等的情況，被迫接受醫師提出來的醫療方式，生產過後，不只是女性間彼

此關於生產過程的經驗分享對這些醫療行為產生疑惑，連醫界也提出這些被施加在產婦身上的醫療行為，有些其實是過度的，於是，尋求助產士協助在家生產的「復古」思維，又被一些崇尚自然的現在女性列為生產時的選項之一。

如果妳想要在家生產，得找到一個合格的助產士。助產士在生產過程中會給產婦專業及情感上的支持，清楚告知產婦每個階段的每個動作，同時也會教導產婦如何舒緩孕痛等，對產婦來說，是一種更親切、更有溫度的生產體驗。

助產士必須判別生產過程中出現的各種「徵兆」，像是判斷產兆、陣痛頻率、胎兒狀況與每個階段的風險，然後靜靜「等待」產婦的身體逐漸調整到準備生產的狀態，同時協助產婦在過程中面對身心的變化、理解宮縮陣痛，並透過按摩或是搖擺身體來減緩疼痛，讓身體放鬆並調整到合適的姿勢後，再等待胎兒隨著子宮收縮的力道順勢滑出產道，也因為要配合每位產婦的各種狀況，助產士的接生時間有長有短，也各有不同的突發狀況。

進入產程前，助產士需要很仔細地告知生產過程的風險、會有什麼危險狀況、什麼狀況可能需要轉院、剖腹；助產士也會在產前就教產婦如何按摩會陰，再搭配凱格爾運動，好讓生產時寶寶能夠自然地滑出產道，因此除非是緊急狀況，否則通常不會需要剪會陰。

但並不是每個產婦都適合在家生產，必須是符合以下條件者：

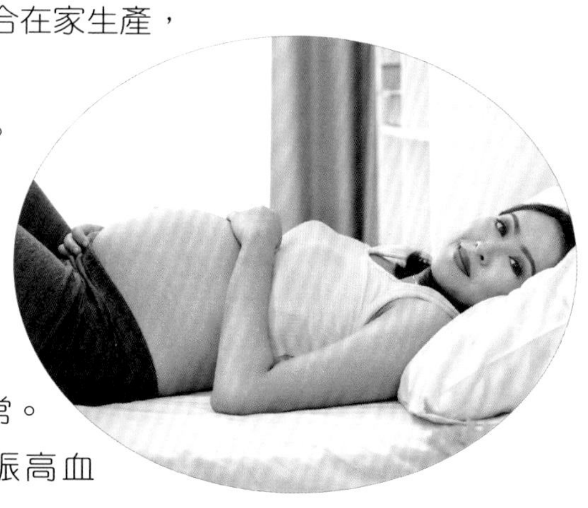

1.胎兒的健康狀況許可。

2.胎位必須正常。

3.胎盤位置正常。

4.羊水不能過少。

5.媽媽供給養分充足。

6.胎心音監測、胎動正常。

7.產婦本身不能有妊娠高血壓、毒血症。

8.產婦不能有糖尿病，以免胎兒太大，導致難產。

若符合上述條件，表示已達到基本要求，但仍建議產婦選擇在家生產前到醫院做詳細的評估，並聯繫好緊急情況時尋求醫療資源協助的管道，才能確保在家生產安全無虞！

讓女性在懷孕與生產過程中認真理解並學會和自己的身體相處，讓自己做決定，或許是透過助產士接生與全然交給醫療體系兩者間最大的差別，但在家生產畢竟與現代人熟悉的醫療模式有很大的差異，目前台灣地區選擇在家生產的比例仍低於0.1%，或許以前因為醫院不普遍、設備不發達，許多人選擇在家由助產士協助接生，但時代已進化到目前醫療院所的現代化設備可以緊急救護嬰兒及母體的突發狀況，若選擇倒退歷史進化，回到由助產士到家協助生產，讓嬰兒及母親冒巨大的生命風險，實在不予鼓勵。

●先生陪產

太太從懷孕到生產，先生除了噓寒問暖、照顧生活起居，新時代的好男人似乎又增加了一條守則：進產房陪產，讓產婦在產程所受的痛苦先生也能感同身受。但先生陪產這件事，除了能給產婦心理上的支持，仍有醫學專業的部分必須被重視。

協助產婦生產對婦產科醫生來說是一種專業行為，需要醫學技術和醫學訓練、無菌的環境管控，才能確保母嬰都安全，一旦過程中有非專業人員介入，都可能導致無菌環境被破壞，或是使醫護人員分心，增加產程的風險。

例如，有些先生陪產時會錄影記錄整個過程，但期間若擅自移動位置，就可能干擾醫護團隊的動線和流程；再如讓先生剪臍帶，這也可能讓醫護人員因教導先生如何操作，而分心產婦和寶寶的狀態，使母嬰都暴露在風險中。

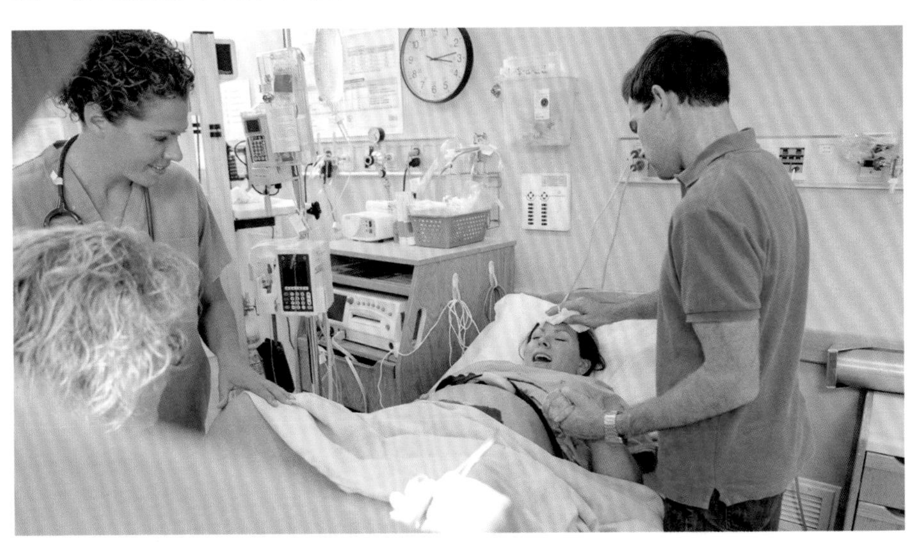

因此，建議產婦生產前先與先生溝通好，不要太勉強或強迫先生一起參與整個生產過程。如果先生想藉由陪產來表達對妻子的支持，可將重點放在第一產程，也就是待產至進手術房之前的10～20多個小時，盡量不要跟著進手術室直接參與生產過程，即可避免前述問題發生。

然而，生產對夫妻雙方來說畢竟是一段難得的經驗，醫界也並不完全禁止產婦的先生進手術室陪產，但為了避免增加不必要的醫療風險，陪產的先生要調整心態，不要把自己只是當成觀眾，而要像個有一定任務的陪產員，站在正確的位置，並配合醫師或專業護理人員的指令動作，或是握著產婦的手給她力量和安慰，醫病之間互信合作，才能確保生產過程安全無虞。

若要避免先生進產房陪產時接觸到太過血腥的畫面，先生可站在太太頭部後方，這樣也可避免影響醫護人員的接生工作。以下是先生陪產時要做的事：

1.協助太太保持正確的生產姿勢。

2.給予肢體的接觸，如擁抱、按摩，及心理上的支持，如多說些鼓勵及讚美的話。

3.配合醫護人員節奏性的口令，幫助太太達到適當的呼吸及用力。

4.協助太太與新生兒第一次的身體接觸。

在產前考慮是否要先生陪產時，建議夫妻雙方要冷靜的好好商量，先生進產房陪產雖可表現體貼，讓太太多一分安心，但太太也要考慮先生的心理狀態，不要強求，因為先生可能心裡願意，卻力有未逮，若勉強進產房，見了血淋淋的畫面而日後不舉，還要花時間及心力治療才能復原，豈不得不償失。

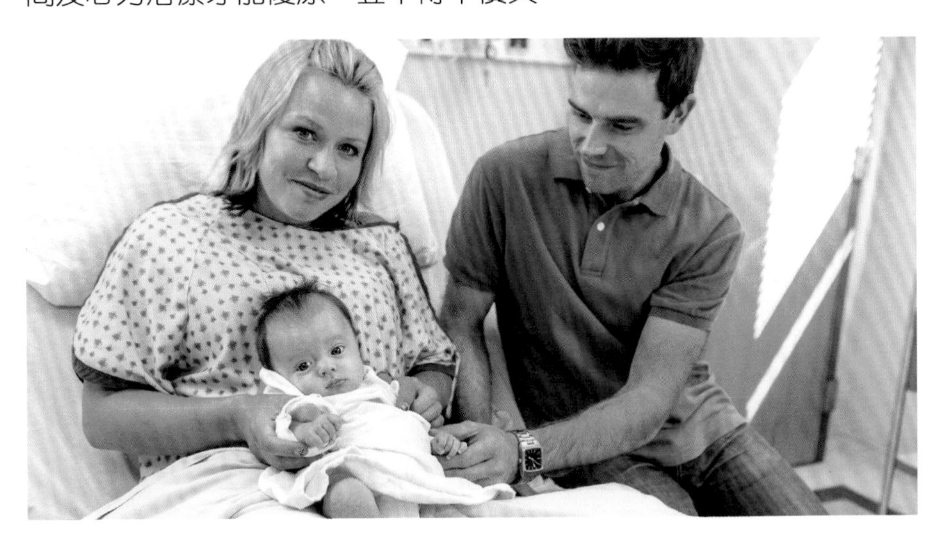

待產包，帶什麼？

迎接寶寶到來前，先把妳的待產包準備好，早一點準備，不要臨產時手忙腳亂，丟三落四，以下是待產包內容物的建議清單：

1.準爸爸和孕媽咪兩人的身分證、健保卡、媽媽手冊。

2.一套要在醫院生產後換穿的棉質睡衣。

3.膠底拖鞋、襪子。

4.哺乳專用胸罩，兩套。

5.乳房墊片，防溢乳。

6.內褲或免洗內褲；生理褲。

7.個人衛生用品，包括牙刷、牙膏、香皂、毛巾、梳子等。

8.如果是中長髮，要準備髮束、髮夾，或是其他整理頭髮的用品；帽子，防受風寒。

9.產褥墊、衛生棉墊。

10.束腹，尤其剖腹產者更需要。

11.近視者要帶眼鏡，因為分娩時不能戴隱形眼鏡。

12.陣痛時幫助分心的用品，如書報雜誌、零食等。

13.寶寶包毯。

14.寶寶尿布。

15.寶寶的安撫奶嘴。

16.媽媽和寶寶出院時要穿的衣物。

如果妳在私人婦產科診所生產，只需要準備第1項，即「健保卡、身分證、媽媽手冊、若干費用」，第2～第16項私人診所都會替妳準備好，如果你到大醫院生產，那麼第2～第16項的用品妳就要自己準備。

潘醫師讓妳問

Q 經陰道生產的產瘤是不是真空吸引器造成的？

A 產瘤分成皮下水腫及血腫，都是待產過程經過好幾個小時因陰道擠壓胎兒頭部造成的，常常被誤解為真空吸引器造成，其實不是。

血腫容易造成新生兒黃疸，兩者都不能搓揉它，一個月內會自然消失。

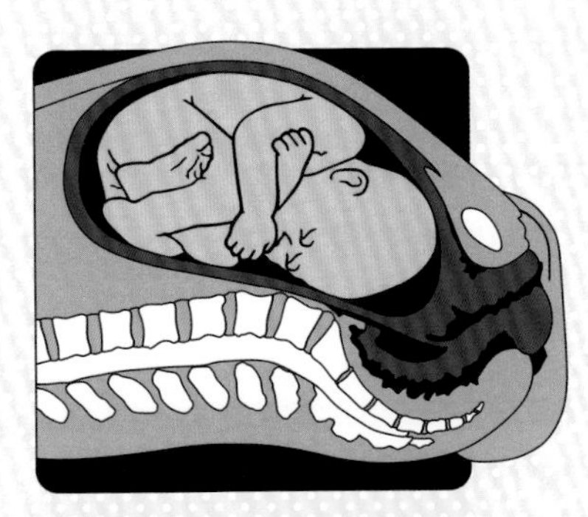

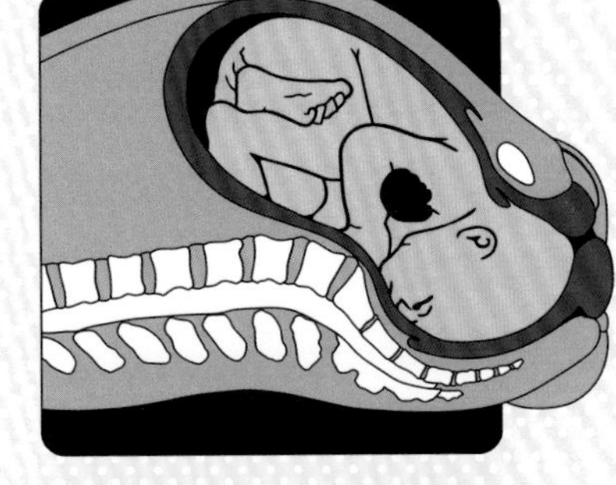

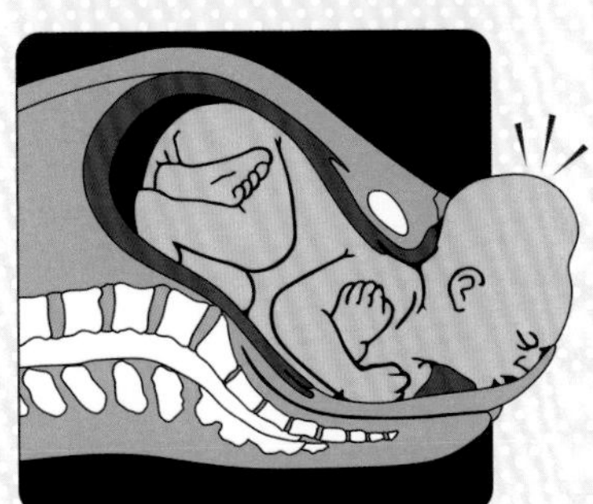

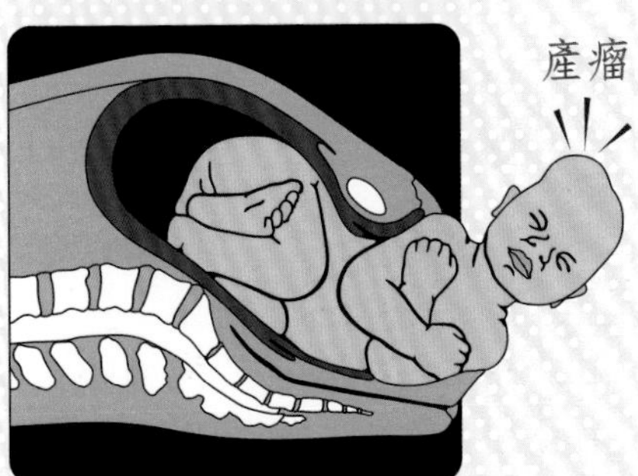

潘醫師讓妳問

Q 需不需要替寶寶儲存幹細胞臍帶血？

A 「幹細胞」是人體的原始細胞，它不但能再生另一個與本身一模一樣的細胞，還能分化為多種特定功能的細胞。人類的胚胎、胎盤、臍帶血、骨髓都有豐富的幹細胞，研究指出，胎盤和臍帶中取得的間質幹細胞較其他來源更多，可以有效幫助的疾病包括帕金森氏症、阿茲海默症、脊椎創傷、肝硬化等疾病，目前衛福部更將29種疾病列入臍帶血常規治療，包括先天性代謝異常、自體免疫疾病、惡性腫瘤、免疫功能缺陷類病變、血色素及血液功能障礙疾病。美國小兒科學會建議，胎兒同父同母的兄姊中，有人已有惡性或基因方面的疾病，將來可能因為做臍帶血幹細胞移植而受惠時，家長可以考慮儲存新生兒的臍帶血，至於是否需要為防範萬一的理由而儲存臍帶血，則視個人經濟能力而定，並待更多的研究來支持。

潘醫師讓妳問

Q 乳頭凹陷怎麼親餵？練習「霍夫曼技術」有用嗎？

A 很多人認為，孕媽咪的乳頭扁平或凹陷就不能親餵母乳，其實只要用對方法，就能改善乳頭凹陷的問題，順利哺餵母乳。乳頭凹陷是指乳頭不突出，並且不與乳暈水平、向內縮回，一個簡單的測試就能確定是否有這種狀況：用拇指和食指輕輕按住乳暈邊緣，並且觀察乳頭的變化，正常的乳頭會突出，反之則為乳頭凹陷。

若是乳頭凹陷要如何哺餵母乳？可使用吸奶器將乳頭輕輕拉出，大多數的乳頭會被吸出來；或用拇指按住乳房上部，同時輕輕擠壓乳房，並向後按壓乳暈，使乳頭向前延伸和突出；此外，練習「霍夫曼技術」也可幫助乳頭凹陷的孕媽咪鬆開乳頭基部，方法如下：

1.以雙手的大拇指或食指放在乳頭基部兩側，再朝胸壁內側往旁邊拉；

2.將拇指用力壓向乳房，再輕輕往兩側分開；

3.先做左右方向，再做上下方向；

4.每次做20下，一天做5次。

乳頭凹陷務必要每天勤做霍夫曼技術，使乳頭突出，有助寶寶出生後媽咪能親餵母乳。

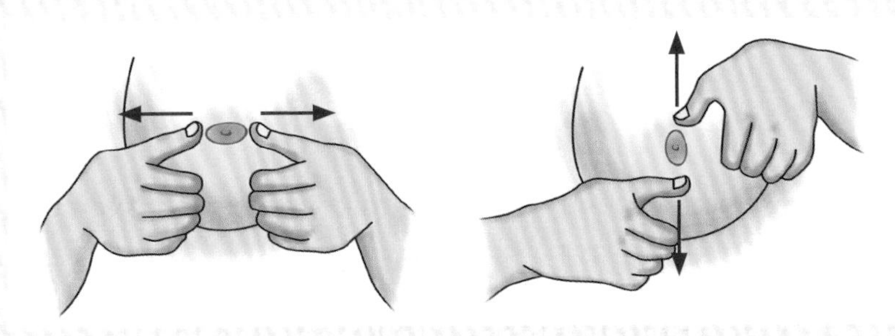

矯正乳頭凹陷的「霍夫曼技術」

潘醫師讓妳問

Q 出門在外臨時破水，可以先回家洗澡洗頭再去醫院嗎？

A 不建議如此，應立即就醫，經過醫師確認破水後會立即收住院。到院後，醫生會立即採取以下處置：

1.打上靜脈注射點滴。

2.給抗生素，預防細菌從陰道逆行性感染。

3.裝上胎兒監視器，測量胎兒心跳圖形、宮縮情況及胎動。

4.指診測量子宮頸的張開程度。

潘醫師讓妳問

Q 產後多久可以有性行為？應該注意什麼？

A 產後45天再開始性行為比較好，因為這時惡露會完全乾淨，性交時最好準備潤滑劑，用量可多一些，因為產後3個月內，不管是自然生產或是剖腹產，陰道都仍然會呈現紅腫現象，摩擦容易疼痛、受傷。

建議先生插入時不要太深及太用力，進出速度要放慢，過程中用枕頭把屁股墊高；如果暫時不想要再懷孕，先生不要射精在陰道裡面，還要多說溫柔體貼的話，可舒緩女性產後性行為的不適感。

孕媽咪筆記

懷孕36~40週

Part 1. 待辦事項

Part 2. 要問醫生的問題

Part 3. 我的心情

結語

從醫30多年，陪伴超過3萬名孕媽咪從知道懷孕的驚喜、懷孕過程的擔憂，到臨產的不適，終至見到寶寶的喜悅，每一個主角都有不同的故事，但我見證了同一幕：「媽媽真偉大！」

不管醫學科技多進步，懷孕、生產都有不可知的風險存在，老一輩人常說：「生得過雞酒香，生不過四塊板」，指的就是女性生產猶如一場生死搏鬥。而現如今，透過醫學科技的幫忙，多數的生產風險已可避免，孕媽咪只要定期做產檢，並配合醫師的建議及治療，媽媽孕期及寶寶的發育問題，醫師通常都能及時處理。

在超音波技術猶未發達的年代，孕婦必須到臨盆才能獲知寶寶的性別及見到寶寶的樣子，如今，透過超音波的協助，多數的媽媽從懷孕第5週就可以與寶寶有第一次接觸，約至第24週時即可分辨寶寶的性別。

也因為醫學科技的進步，降低了孕程中多數的風險，現代孕媽咪在懷孕過程的疑問與不適，都可以尋求最精準的處理，整個孕程都可以美美的，出發去旅行、閒時喝咖啡、養寵物，都不是問題。

再說產後照護，從前婦女生產多是靠娘家媽媽或是婆婆幫忙照顧母嬰，但現在職業婦女多，娘家媽媽或婆婆不一定有時間或有經驗，這對新手媽媽來說是一大困擾與擔憂，於是一手包辦母嬰照顧的月子中心也順勢興起，解決了她們產後照顧的問題。

這類產後護理之家如雨後春筍般出現，裝潢奢華、設備新穎自不在

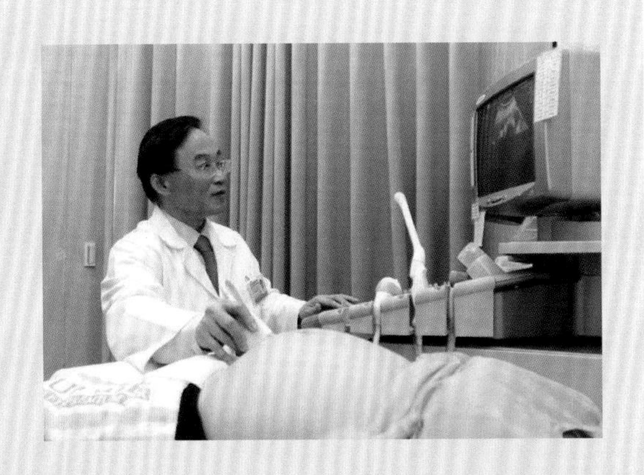

話下，但產婦及家屬真正要分辨的是機構有否完善的產婦及新生兒24小時照護、專業醫師定期巡檢、產後醫療照護，甚至是產後生理恢復等，如果妳需要這些資訊，可以上網（http://www.lovealison.com.tw/）查詢，多參考比較，才能找到最優質、最適合自己的產後照護機構。

我有一些門診病患，從她們懷孕、生產，再到熟年婦科疾病，甚至為她們的下一代接生，已像是老朋友一般，但也有很多在我門診出生，曾經由我見證你們來到世上的第一幕，卻已經失聯。

如果你是那3萬多個寶寶之一，不論你現在在世界哪個角落，歡迎你加入「愛麗生粉絲團」（https://www.facebook.com/AlisonOBSandGYN/），你可以上網留言、PO上你的近照，分享你的現況，或是你有婦科、產科、兒科等相關問題，也可以上網諮詢，會有專人為你解答；有空，也歡迎你來愛麗生的咖啡廳坐坐，不管你什麼時候曾經來過，這裡永遠都是你們的家。

本書寫作過程感謝新生兒權威許瓊心教授、長庚大學婦產科鄭博仁教授、馬偕醫院劉蕙瑄醫師、台大醫院郭義興醫師、中醫師蔡繡鴻，及愛麗生婦產科羅英字醫師、愛麗生小兒科華一鳴醫師、愛麗生小兒科劉錦揚醫師等之指導及衛教師陳惠玲的用心校對，使得以順利成書，一併致謝。

台灣婦產醫學會博物館

台灣婦產醫學會博物館成立於2013年10月13日，座落於桃園市龍潭區（桃園市龍潭區向陽二街42巷1號），由當時的台灣婦產科醫學會理事長謝卿宏發起，得到蘇聰賢、楊友仕、蔡明賢、黃思誠、李茂盛、蔡鴻德前理事長與全體理監事的支持，在黃閔照秘書長的協助下，及眾多會員的贊助和捐獻文物，蒐集了和婦產科相關的各種儀器、器械、和文獻，回顧臺灣卓越的婦產科醫學前輩醫師和助產士，一路用心照護臺灣婦女的記錄，也忠實呈現了台灣婦產科醫學進步的歷史。

◀ 舊時婦產科醫師出診之手提皮包。

◀ 30年前，婦產科醫師替孕婦產前檢查的木製胎心音聽筒。

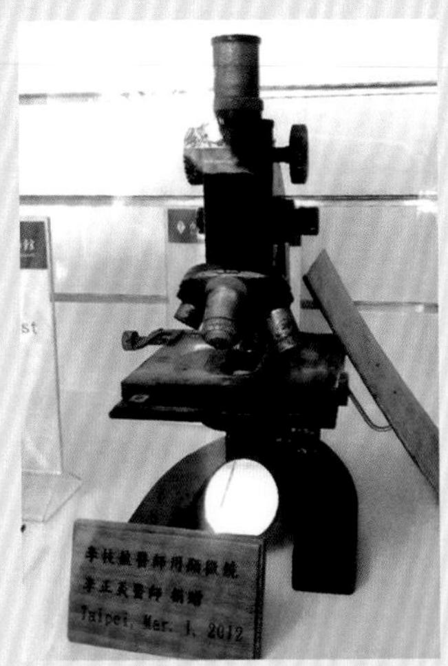
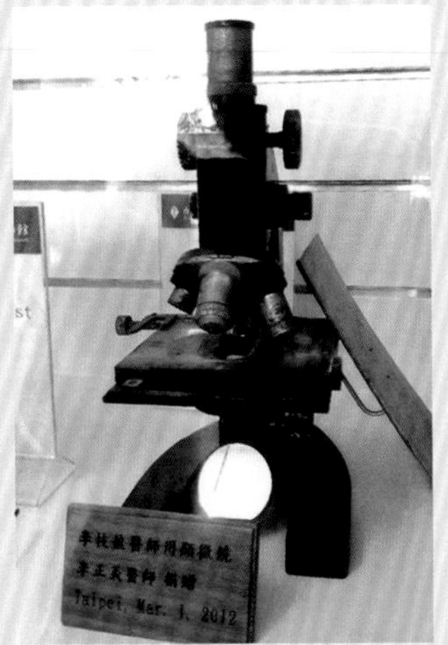

▲舊時診斷婦科分泌物的顯微鏡。

▲舊時的真空吸引器組。

▲現在使用的真空吸引器。

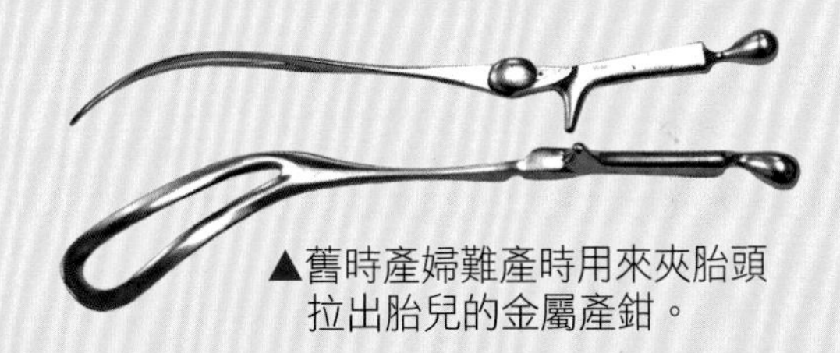

▲舊時產婦難產時用來夾胎頭拉出胎兒的金屬產鉗。

▲舊時的真空吸引器組。

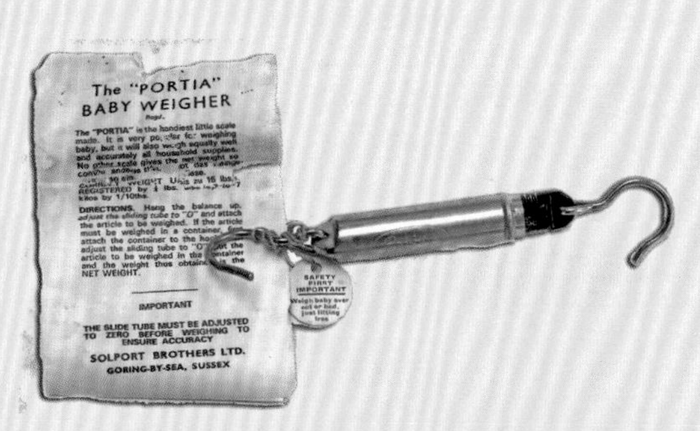

▲舊時稱新生嬰兒體重的工具，使用時把嬰兒用布包裹、打結，再用工具上的鈎子鈎起，用稱錘稱重量。

國家圖書館出版品預行編目資料

看著你長大：寶寶的280天 / 潘俊亨著.
-- 初版. -- 新北市：金塊文化, 2019.09
248 面；17 x 23 公分. -- (實用生活；51)
ISBN 978-986-97045-9-5(平裝)
1.懷孕 2.分娩 3.婦女健康
429.12　　108012243

實用生活51

看著你長大——寶寶的280天

金塊文化

作　　者：潘俊亨
發 行 人：王志強
總 編 輯：余素珠
美術編輯：JOHN平面設計工作室
協力製作：曾瀅倫、林佩宜

出 版 社：金塊文化事業有限公司
地　　址：新北市新莊區立信三街35巷2號12樓
電　　話：02-2276-8940
傳　　真：02-2276-3425
E-mail：nuggetsculture@yahoo.com.tw

匯款銀行：上海商業銀行 新莊分行（總行代號 011）
匯款帳號：25102000028053
戶　　名：金塊文化事業有限公司

總 經 銷：創智文化有限公司
電　　話：02-22683489
印　　刷：大亞彩色印刷
初版一刷：2019年9月
初版五刷：2023年2月
定　　價：新台幣360元

ISBN：978-986-97045-9-5（平裝）

愛麗生官方LINE@好友